AF402008

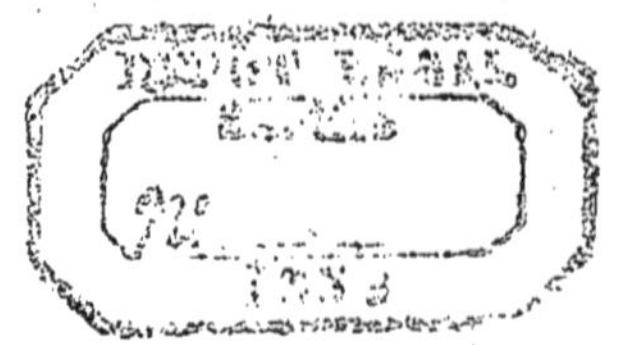

SOUVENIRS

D'UN

PÈLERINAGE

A JÉRUSALEM

TYPOGRAPHIE

MONNOYER, AU MANS

SOUVENIRS

D'UN

PÈLERINAGE

A JÉRUSALEM

Par M. VALLÉE, Curé de Pezé-le-Robert.

AOUT ET SEPTEMBRE 1856

Jerusalem... Leva in circuitu oculos tuos . omnes isti congregati sunt.., filii tui de longè venient.

ISAÏE, LX. 4.

LE MANS

IMPRIMERIE MONNOYER, PLACE DES JACOBINS, 12

1859

A MONSEIGNEUR NANQUETTE

ÉVÊQUE DU MANS

MONSEIGNEUR ,

Votre grande bonté, déjà si connue de tous vos diocésains , je l'ai éprouvée d'une manière toute spéciale , quand vous m'avez autorisé à quitter momentanément ma paroisse, pour faire le pieux et saint pèlerinage de Jérusalem.

En reconnaissance d'un si grand bienfait, je supplie très-humblement Votre Grandeur d'agréer l'hommage que je lui fais d'une petite brochure contenant mes souvenirs de **Terre-Sainte.** Si vous daignez l'accepter, vous compléterez le bonheur de celui qui est avec le plus profond respect,

De Votre Grandeur,

Monseigneur ,

Le très-humble et très-obéissant serviteur ,

J. VALLÉE , Prêtre.

AVIS AU LECTEUR

Pendant mon séjour à Jérusalem et dans la Palestine, j'ai employé tout mon temps à visiter les lieux qui se rattachent à la Bible par quelque événement mémorable, et surtout les lieux sanctifiés par la présence de notre Sauveur. Je prenais quelques notes, il est vrai ; mais je tâchais de graver dans mon esprit, et plus encore dans mon cœur, tout ce que je voyais. Cependant, dans la crainte que ma mémoire ne vînt à me faire défaut, j'ai cru devoir mettre sur le papier mes souvenirs, aussitôt après mon retour de Jérusalem. Mon manuscrit étant terminé, mon intention bien formelle était d'en dérober la connaissance à qui que ce soit.

Un digne et savant chanoine de l'Église du Mans, à qui j'avais parlé de mon pèlerinage, me manifesta le désir de voir ce manuscrit. Je le lui remis de grand cœur. Après l'avoir examiné, il me dit que la lecture de ce petit ouvrage ne serait pas sans produire quelque bien dans certaines âmes, et que je pouvais le livrer à la publicité, malgré la répugnance que j'avais pour elle. Aussi, j'ai longtemps hésité : d'abord, à cause de mon peu d'aptitude à écrire un livre ; ensuite, parce que je n'ai pas assez d'humilité pour supporter toutes les censures auxquelles je dois m'attendre, et à juste titre.

Mais pourtant, si j'étais ce que je dois être, je foulerais aux pieds toutes ces vaines préoccupations, et je dirais comme l'Apôtre : « A Dieu ne plaise que je me « glorifie en autre chose que dans la croix de Notre- « Seigneur Jésus-Christ (GAL., VI, 14), et que je sache « autre chose que Jésus-Christ, et Jésus-Christ crucifié « (I. COR., II, 2). »

C'est bien en vain que l'on chercherait un beau style dans cette brochure, cela est au-dessus de mes forces. J'ai aussi évité toute espèce de polémique. Je raconte tout simplement ce que j'ai vu, les sentiments dont j'étais animé, les émotions que j'ai éprouvées. *Quod vidimus oculis nostris, quod perspeximus, et manus nostræ contrectaverunt... annuntiamus vobis* (JOAN., I, 1-2).

Pourvu que Dieu y trouve sa gloire, et que les âmes en tirent quelque profit pour le ciel, voilà tout ce que j'ambitionne.

SOUVENIRS

D'UN PÈLERINAGE A JÉRUSALEM

AOUT ET SEPTEMBRE 1856.

INTRODUCTION.

La caravane dont j'avais l'avantage de faire partie, se composait de quinze pèlerins, onze prêtres et quatre laïques, dont voici les noms :

Mgr Hyorangi, chanoine de Grosswardein, prélat domestique de Sa Sainteté, hongrois, président de la caravane ;

MM. Lefichaut, vicaire à Saint-Brieuc, vice-président de la caravane ;

Guillevin, vicaire à Lorient, aumônier de la caravane ;

Delannoy, aumônier à Lille ;

Watinne, missionnaire à Cambrai ;

Aliosse, aumônier à Lorient ;

Bazon, curé à Pierre-Levée, diocèse de Meaux ;

Nobis, curé à Coublanc, diocèse d'Autun ;

Munkaesi, doyen-curé, hongrois ;

Steiner, missionnaire, à Saint-Dié ;

Vallée, curé de Pezé-le-Robert, diocèse du Mans.

1

LAÏQUES.

MM. Beaulier, des Batignolles, près Paris ;

Guyot-Sionnest, fils, avoué à Paris, trésorier de la caravane ;

Dupont, de Valenciennes ;

Le comte Estève, étudiant en droit, à Paris.

Depuis de longues années, je pourrais dire, depuis environ quarante ans, chaque fois, pour ainsi dire, que je lisais l'Écriture Sainte, je me disais à moi-même, que je me trouverais heureux si j'avais le bonheur de voir Jérusalem, et les autres lieux sanctifiés par la présence de notre bon Sauveur !

Pendant bien des années, il est vrai, j'ai désespéré d'avoir jamais ce bonheur, parce que je ne connaissais d'autres pèlerins aux Saints Lieux, que M. de Châteaubriand et le baron de Géramb.

Mais aussitôt que j'eus appris que des caravanes faisaient régulièrement, deux fois par an, ce pèlerinage, alors mon désir augmenta et je songeai à réaliser mon pieux dessein. L'an dernier surtout, à la fin de l'été, après avoir pris des informations, je crus pouvoir entreprendre ce saint pèlerinage. Je pris mes mesures pendant l'hiver et je fis mes dispositions pendant le printemps.

Mais il me fallait l'autorisation de Mgr l'Évêque du Mans pour quitter momentanément ma paroisse. Je fus assez heureux pour l'obtenir. Il me fallait, en outre, un prêtre pour me remplacer pendant mon absence. M. Launay, prêtre auxiliaire du diocèse du Mans, eut l'obligeance de le faire. Tout s'étant arrangé au gré de mes désirs, je fis mes préparatifs de départ.

§ I.

Départ de Pezé.

Je ne puis mieux exprimer la joie et le bonheur que j'éprouvais que par ces paroles du Prophète-Roi : « *Lœtatus sum in his quœ dicta sunt mihi ; in Jerusalem ibimus.* Je me suis réjoui à cause de ce qui m'a été dit : Nous irons dans la maison du Seigneur (Ps. cxxi, 1). »

Le dimanche 17 août, à 7 heures du soir, je partais de Pezé. Je me rendis à Sillé-le-Guillaume ; et là, je pris, à 10 heures du soir de ce même jour, un train du chemin de fer qui me conduisit à Paris, où j'arrivai le lundi 18, à 5 heures du matin. Je repartis le même jour de Paris, à 10 heures du soir, par le train du chemin de fer de Lyon ; j'arrivai dans cette ville le lendemain 19 août, à 8 heures du matin. Je repartis à 10 heures du matin de Lyon par le train du chemin de fer de Marseille, où j'arrivai à 10 heures du soir de ce même jour 19 août. Là, je trouvai, réunis à l'hôtel de Rome, tous les pèlerins qui faisaient partie de notre caravane.

Comme le mercredi 20 août était pour moi un jour de repos, je profitai de ce temps pour faire un pèlerinage à Notre-Dame-de-la-Garde, qui se trouve à un kilomètre de Marseille, sur une haute montagne, d'où l'on découvre une grande étendue de mer. J'y priai la Sainte Vierge d'être mon étoile et ma protectrice durant ma longue traversée.

Le jeudi 21 août, à 9 heures du matin, nous tous pèlerins montions à bord de *la Tamise* (c'est le nom du paquebot qui devait nous porter à Jaffa). Parmi les personnes qui se trouvaient à bord, nous avions Mgr Samhiri, patriarche d'Antioche des Syriens, vieillard d'environ 60 ans. Un jour, après lui avoir demandé sa bénédiction, je le priai par l'intermédiaire de son secrétaire, M. Jean Mamarbusci, de me donner sa signature ; car le patriarche n'entend ni le latin, ni le français. Mais son secrétaire, qui est aussi Syrien, parle parfaitement l'une et l'autre langue.

Le bon patriarche acquiesça de la meilleure grâce à la demande que je lui faisais. Il mit sur mon portefeuille ses noms en caractères syriens, dont voici la traduction :

Ignace-Antoine Samhiri , patriarche d'Antioche des Syriens, etc., ce 22 août 1856.

Son secrétaire , qui fut le traducteur, eut l'obligeance d'ajouter ces mots :

> Vivite felices...
> Vivite memores nostrî.

Joannes Mamarbusci,

Secretarius atque Canonicus.

Dès le lendemain 22 août, à 2 heures de l'après-midi, nous passions le détroit de Bonifacio , entre l'île de Corse et la Sardaigne. Ce passage est si étroit, que du milieu un bras robuste pourrait lancer une pierre sur les deux rives.

Le dimanche 24 août, jour de la fête de saint Barthélemi, à 5 heures du matin, nous entrons dans le port de Malte. Comme le paquebot doit stationner quelques heures, nous profitons de ce temps pour débarquer dans l'île. La cité Lavalette se trouve sur le port. Aussitôt débarqués, nous nous dirigeons vers l'église Saint-Jean , pour y célébrer la sainte Messe : c'était la première fois que j'avais le bonheur d'offrir l'auguste sacrifice sur une terre étrangère.

La cité Lavalette fut, comme on le sait, bâtie par le Grand-Maître Jean de la Valette, dont elle porte le nom. Après notre déjeuner, nous nous dirigeâmes tous ensemble vers Saint-Paul de Malte, pour faire un pèlerinage à la grotte du saint Apôtre. Saint-Paul de Malte, ou Citta-Vecchia, se trouve à environ 8 kilomètres de la côte.

Saint Paul, accusé par les Juifs, fut présenté au tribunal

de Festus, gouverneur de la Judée. Comme les Juifs lui imputaient plusieurs crimes, dont ils ne pouvaient fournir aucune preuve, et que Festus était bien aise de plaire aux Juifs, celui-ci dit à saint Paul : « Voulez-vous venir à Jérusalem, et y être jugé devant moi sur les choses dont on vous accuse? » Saint Paul, connaissant toute la supercherie de cette proposition, dit à haute voix en plein conseil : « J'en appelle au tribunal de César : *Ad tribunal Cæsaris sto* (ACT. XXV, 10). » Festus repartit : « Vous en avez appelé à César; vous irez devant César : *Cæsarem appellasti; ad Cæsarem ibis* (ACT. XXV, 12). »

Alors le saint Apôtre fut mis dans un vaisseau pour être amené à Rome. Mais le vaisseau ayant fait naufrage, il fut débarqué dans l'île de Malte, où il resta trois mois (ACT. XXVIII, 11). Il convertit beaucoup de barbares par ses prédications et par ses miracles. La grotte où se retirait saint Paul, est à environ 8 kilomètres dans les terres, à partir de la cité Lavalette. La statue du saint Apôtre se trouve sous une église. Elle est placée sur un piédestal haut de 16 centimètres; elle m'a paru en tuffeau. La grotte a environ 3 mètres 33 centim. de diamètre. Les parois sont d'un tuffeau très-tendre; chaque pèlerin s'empresse d'en casser quelques morceaux pour les emporter. Le gardien est loin de s'y opposer; car il y a tout exprès dans la grotte un marteau pour casser des pierres de la roche. Je n'ai pas manqué d'en prendre quelques morceaux.

Chose qui tient du prodige! le gardien nous a dit qu'à différentes époques, on a mesuré la grotte, et que son diamètre n'a pas augmenté, malgré le grand nombre de pierres qui ont été emportées par les pèlerins.

Après avoir visité trois belles églises de Saint-Paul de Malte, et les principaux monuments de la cité Lavalette, tels que le palais du gouverneur, les ruines de l'ancien palais des Templiers, nous nous sommes embarqués, le même jour 24 août, à 5 heures du soir. Le bon patriarche d'Antioche et son secrétaire sont restés à bord, pendant tout le temps que nous avons passé dans l'île.

Le 26 août, nous apercevons à notre droite les côtes de
Barbarie, et à notre gauche les côtes de la Sicile.

Le jeudi 28 août, à quatre heures du soir, nous entrons
dans le port d'Alexandrie. Comme le paquebot, qui laissait
là des marchandises et des passagers, ne devait repartir que
le lendemain, nous y débarquâmes. Mais avant de prendre
terre, nous allâmes, nous tous pèlerins réunis sur le pont du
paquebot, nous jeter aux pieds du vénérable patriarche, pour
lui demander sa bénédiction. Car c'était à Alexandrie qu'il
devait nous quitter, pour se rendre au Caire et au Sinaï, et traverser ensuite le désert de l'Arabie, en nous faisant espérer
qu'il nous rejoindrait à Jérusalem. Au débarquement, il a été
reçu avec tous les honneurs dus à sa dignité. Un janissaire et
un soldat sont venus le chercher à bord, et l'ont accompagné
jusqu'au lieu où il devait descendre.

Après notre débarquement, nous nous rendîmes chez les
PP. Lazaristes, qui nous reçurent avec toute la cordialité que
nous pouvions désirer. Le lendemain, après avoir célébré la
sainte Messe dans la chapelle de leur couvent, nous visitâmes
la ville dans toutes ses parties. Cette ville africaine est de
construction orientale. La nouvelle ville est bien bâtie ; les
rues en sont larges et droites. Mais il en est autrement de la
ville ancienne. Ce que j'ai vu de plus remarquable à
Alexandrie, ce sont trois belles églises : une pour les catholiques, une pour les arméniens schismatiques, et une troisième pour les grecs également schismatiques ; deux mosquées,
qui sont peu éloignées du couvent des PP. Lazaristes ; la
colonne de Pompée, qui se trouve hors de la ville, du côté du
canal du Nil. Je dis le canal du Nil ; car, comme on le sait, les
bouches du Nil se trouvent à Rosette, à 12 kilomèt. au-dessus
d'Alexandrie. Les chameliers viennent, avec des outres,
chercher l'eau à ce canal pour les besoins de la ville. De
l'autre côté de la ville, tout près de la mer, se trouvent les
Aiguilles de Cléopâtre. Mais c'est à tort que l'on dit les
aiguilles ; car il n'y en a qu'une Cette aiguille de Cléopâtre

est un obélisque couvert du haut en bas d'hiéroglyphes. Cet obélisque m'a paru plus haut mais plus mince que l'obélisque de Luxor que l'on voit, à Paris, sur la place de la Concorde. Il n'a point de piédestal : il est posé sur deux pierres qui ne dépassent pas le sol de beaucoup. A l'extrémité de la vieille ville, sur le bord de la mer, se trouve le palais du pacha, qui ne le cède pas en beauté aux autres édifices. Le luxe oriental est étalé dans ses vastes salons.

En visitant Alexandrie, je me reportais aux temps anciens. Je me disais à moi-même : Voilà donc la ville où saint Marc, disciple de saint Pierre, apporta la lumière de l'Évangile, et dont il fut le premier évêque. Origène, saint Athanase, saint Clément, saint Pantène et le trop fameux Arius étaient aussi d'Alexandrie.

Le 29 août, à 4 heures et demie du soir, nous quittions le port d'Alexandrie, pour nous diriger vers Jaffa.

Le samedi 30 août, vers 8 heures du soir, nous n'étions pas éloignés du port de Jaffa. Mais comme il n'y a point de fanal dans le port, notre pilote, par une erreur involontaire, nous conduisit, pendant la nuit, au pied du Mont-Carmel, trajet que l'on fait en six heures dans une barque. Aucun des passagers ne s'aperçut de cette erreur dans le moment, car nous dormions tous dans nos cabines; mais, le lendemain, on nous raconta le fait. Quand le pilote vit son paquebot au pied du Mont-Carmel, il rebroussa chemin, et le lendemain au matin, 31 août, nous nous retrouvâmes en vue de Jaffa : à mesure que le jour avançait, nous découvrions avec plus de facilité les côtes de la Palestine.

Cette première vue de la Terre-Sainte fit une vive impression sur mon esprit. Mon cœur battait de joie, à mesure que j'approchais de cette contrée bénic, après laquelle j'avais soupiré pendant si longtemps, et que j'avais cherchée, en traversant la mer, je ne dirai pas au milieu des dangers; car notre traversée a été des plus heureuses? Seulement la mer ne m'a pas fait grâce du tribut qu'elle exige de presque tous ceux qui osent la braver. Il n'y avait pas 4 heures que j'étais dans le paquebot en partant de Marseille, que déjà j'étais pris du mal de mer. J'en fus quitte pour les vomissements ordinaires. Tout le reste de la traversée se passa bien.

Le dimanche 31 août, à 6 heures du matin, nous entrions dans le port de Jaffa, ou plutôt auprès du port ; car une ceinture de rochers empêche les vaisseaux d'entrer dans le port. Il n'y a de passage que pour une barque. On dit que ces rochers sont des débris des anciennes fortifications de Joppé ; mais j'ai peine à le croire.

Il fallut donc venir nous chercher avec des barques. La barque elle-même ne pouvant, à cause du peu d'eau, aborder jusqu'à terre, je fus obligé de me cramponner sur les épaules d'un Arabe qui m'y porta.

Avant de partir de Pezé, je m'étais promis que lorsque je mettrais le pied sur la Terre-Sainte, je prosternerais mon front dans la poussière pour bénir et remercier Dieu. Mais le tumulte et l'encombrement étaient si grands dans le port, que je ne pus remplir cet acte de piété, que dans le couvent des PP. Franciscains.

Après notre débarquement, nous nous rendîmes chez les PP. Franciscains, dont le couvent n'est séparé de la mer que par la rue du Port. Il est élevé au-dessus de la mer d'environ 13 mètres, et ce n'est pas encore le point culminant de la ville.

Après que je me fus un peu reposé, je me préparai à dire la sainte Messe, dans la chapelle du couvent. Quel bonheur pour moi de célébrer pour la première fois le divin sacrifice, sur une terre sanctifiée par la présence de notre divin Sauveur ! Après nos messes, nous avons chanté le *Te Deum* pour remercier Dieu de notre heureuse traversée, et du bonheur que nous avions de fouler la Terre-Sainte.

Dans l'après-midi de ce même jour, 31 août, nous avons fait visite au vice-consul français. Nous avons visité une église grecque, dans laquelle on chantait les vêpres. Nous avons fait également visite aux sœurs (françaises) de Saint-Joseph, qui tiennent une école pour les petites Arabes. Ensuite nous sommes sortis de la ville, pour faire une promenade dans les jardins de Jaffa. Ces jardins de Jaffa, ce sont des plantations de cactus, d'oliviers, d'orangers, de bananiers, de bambous, et surtout de grenadiers; car les grenades de Jaffa sont en renommée dans l'Orient. A mon retour, j'en ai apporté tout un mannequin, et j'en ai fait cadeau à plusieurs personnes.

Jaffa faisait partie de l'ancienne tribu de Dan. Elle est située sur un rocher escarpé, dont le pied est baigné par la mer. Les rues en sont tortueuses, mal pavées et quelques-unes pas du tout. Les maisons sont toutes de construction orientale, c'est-à-dire, à toit plat.

Jaffa (ou Joppé, car c'est le nom qu'elle porte dans l'Écriture Sainte), est célèbre par les guerres des Machabées. « *Et Joppe munivit, quæ est ad mare.* Il (Simon) a fortifié Joppé, sur la côte de la mer (I MACH. XIV, 34). » C'est à Joppé que saint Pierre ressuscita Tabithe, cette femme pleine de bonnes œuvres, et qui faisait de grandes aumônes, comme l'attestaient les femmes qui environnaient son corps, lorsque saint Pierre vint pour la ressusciter : *Hæc erat plena operibus bonis, et eleemosynis quas faciebat* (ACT. IX, 36).

C'est également à Joppé que demeurait saint Pierre, chez Simon le corroyeur, lorsqu'il fut mandé par le centenier Corneille, qui demeurait à Césarée, pour venir lui annoncer la parole de Dieu. « Envoyez présentement à Joppé, dit l'ange à Corneille, et faites venir un certain Simon, nommé Pierre. *Mitte in Joppen, et accersi Simonem quemdam, qui cognominatur Petrus* (ACT. X, 5.) » Cette maison de Simon le corroyeur était, ainsi que le disent les Actes des Apôtres, sur le bord de la mer. Maintenant, il n'en reste plus que l'emplacement, que nous avons visité le soir. Nous y avons lu le passage des Actes des Apôtres qui a rapport à cette circonstance. Il y a un figuier sur l'emplacement où était la maison. J'en ai pris une feuille par respect pour le saint Apôtre.

§ II.

Départ de Jaffa pour Jérusalem.

C'était le 1ᵉʳ septembre, à 5 heures et demie du matin, que nous partions de Jaffa. Notre but était de nous rendre directement à Ramlech ; mais, comme nous devions visiter Lydda le même jour, nous avons, en sortant de Jaffa, quitté le chemin de Ramlech pour aller à Lydda, qui se trouve à environ 12 kilomètres de Jaffa, au sud-est. Jaffa, Lydda et Ramlech forment un triangle.

En sortant de Jaffa, on entre dans la vaste et belle plaine de Saron, mentionnée par Isaïe, en ces termes : « La gloire du Liban lui a été donnée, la beauté du Carmel et de Saron. *Gloria Libani data est ei, decor Carmeli et Saron* (ISA. XXXV, 2). »

Cette plaine, depuis Jaffa, s'étend jusqu'aux montagnes de la Judée, au sud ; ce qui peut comprendre l'espace de 28 kilomètres au moins. A l'est, du côté de Lydda, elle doit aussi s'étendre bien loin : mais, comme je n'ai point parcouru cette contrée, je ne puis préciser son étendue. A l'ouest, c'est-à-dire, du côté de la mer, son étendue m'est également inconnue.

Le sol m'a paru très-bon ; ce qui prouve combien le pays des anciens Juifs était fertile. Seulement, quand nous l'avons traversée, la terre était brûlée par le soleil. Il ne restait plus de la récolte que quelques tiges de dourah, dont les grappes avaient été enlevées. Le dourah est une plante dont la tige et le grain ressemblent au millet. Les Arabes en font du pain.

Des plantations de cactus et d'oliviers nous annoncent l'approche de Lydda. Ces plantations qui avoisinent les villages, sont comme une oasis au milieu du désert.

Lydda est un gros village, situé, comme je l'ai dit, dans la plaine de Saron ; et environné, comme Jaffa, de jardins plantés d'oliviers, de figuiers, de cactus, d'orangers, qui forment comme une épaisse forêt, du côté de Ramlech.

Tout ce que j'ai vu de remarquable à Lydda, ce sont les ruines d'une église dédiée à saint Georges, laquelle se trouve presqu'à l'extrémité du village, du côté de Ramlech.

C'est à Lydda, que l'apôtre saint Pierre guérit Énée, paralytique depuis huit ans, en lui disant : « Énée, que le Seigneur Jésus te guérisse. *Ænea, sanat te Dominus Jesus Christus* (ACT. IX, 34). »

Avant de quitter Lydda, je dois mentionner, à la louange d'un Arabe, le service qu'il m'a rendu. La caravane s'acheminait au grand trot du côté de Ramlech. J'étais resté presque seul dans la rue. Mon cheval était débridé. Je ne sais si c'était trouble ou ignorance, peut-être était-ce l'un et l'autre ; toujours est-il que je ne pouvais le brider. Alors je priai un Arabe de me rendre ce service ; ce qu'il fit de bonne grâce. Que Dieu lui en rende la récompense, en l'éclairant des lumières de l'Évangile !

De Lydda à Ramlech, le chemin est très-beau ; c'est toujours la plaine de Saron. Nous avons fait ce trajet, en 30 minutes. Nous arrivions à Ramlech à 10 heures du matin, le 1ᵉʳ septembre.

Ramlech est situé sur une petite colline qui regarde le chemin de Latroûn. Le couvent des PP. Franciscains, où nous avons été reçus avec la même cordialité qu'à Jaffa, est à l'entrée de la ville, soit que l'on vienne de Jaffa ou de Lydda. Il n'y a que cinq religieux, dont trois prêtres et deux frères. Par conséquent, il y a peu de catholiques. Il y a aussi un couvent de grecs et une mosquée pour les musulmans.

Ramlech, qui a été aussi appelé Rama, est l'ancienne Arimathie, d'où était Joseph qui ensevelit le corps de Notre-Seigneur Jésus-Christ : « *Joseph autem mercatus sindonem,* est-il dit dans l'Évangile, *et deponens eum, involvit sindone, et posuit eum in monumento* (MARC. XV, 46). »

Le soir du jour de notre arrivée à Ramlech, nous avons fait

une excursion hors de la ville, du côté de Jaffa. D'abord, nous avons traversé le cimetière des musulmans. Les tombes sont recouvertes d'une grosse pierre blanche ; quelques-unes de ces pierres dépassent le sol de 33 centimètres, et d'autres de 50. Je ne me rappelle pas avoir vu d'inscriptions sur ces pierres.

En sortant de ce cimetière, qui n'est nullement clos, nous sommes entrés dans une vaste cour, où l'on voit les ruines d'un ancien monastère des Templiers. Beaucoup de murailles sont encore debout. On y voit aussi de belles arcades, reste des anciens cloîtres. Au bout de la cour, du côté de Jaffa, se trouve la tour des Quarante-Martyrs de Sébaste. C'est là, dit-on, que leurs reliques furent déposées. Cette tour, de forme carrée, peut avoir 17 mètres de hauteur. Elle est solidement bâtie en belles pierres de taille blanches. Cependant elle commence à se dégrader.

A un demi-kilomètre de cette tour, dans la plaine, et du côté de Jaffa, nous avons visité la piscine de Sainte-Hélène. C'est un vaste réservoir d'eau, recouvert par une belle voûte en pierres de taille, laquelle voûte est de niveau avec le sol. Je suis descendu dans cette piscine ou citerne ; mais il n'y avait plus que de la boue qui commençait à se sécher. Je ne sais comment cette citerne est alimentée dans la saison des pluies ; car je n'ai point vu d'aqueducs pour y conduire l'eau, et, en outre, le sol est sans pente.

Après m'être éloigné de la piscine de Sainte-Hélène de quelcentaines de pas, j'eus une petite frayeur d'un moment. Deux cavaliers arabes, armés de pied en cap, arrivaient sur nous à toute bride. Pour le coup, je crus que nous allions être dévalisés, et pourtant nous étions seize pour leur résister. Mais ma crainte fut bientôt dissipée. L'un des cavaliers s'approcha gracieusement du R. P. Franciscain qui était avec nous, et lui dit, en son langage arabe, qu'il était porteur des dépêches de Jérusalem à Jaffa. Après nous avoir salués, ils partirent comme un tourbillon à travers la plaine.

§ III.

Départ de Ramlech pour Jérusalem.

Le lendemain de notre arrivée à Ramlech, mardi 2 septembre, à 2 heures du matin, nous partons de Ramlech pour nous rendre, dans la journée, à Jérusalem. Au lever du soleil, nous étions bien avancés dans la plaine de Saron. Nous avons trouvé sur notre passage, presqu'à l'extrémité de la plaine, le Puits de Job (en arabe *Bir-Ayoub*). Cette citerne, que l'on nomme le Puits de Job, était sans eau quand nous l'avons visitée. Elle est entourée de grosses pierres, et presque au milieu du sentier.

Sans doute ce puits est bien éloigné de l'Idumée, où demeurait Job. Mais comme il avait un si grand nombre de troupeaux, il pouvait bien les envoyer paître dans les montagnes de la Judée et jusque dans la plaine de Saron, et les abreuver de l'eau de cette citerne, qui se trouve presque à l'extrémité de cette plaine, du côté des montagnes. C'est peut-être à cause de cela qu'on lui a donné le nom de *Puits de Job*.

Avant d'entrer dans les montagnes de la Judée, on rencontre le village de Latroûn, que l'on dit être le village du *Bon Larron*. Ce village est situé sur un petit monticule. Nous le laissâmes à 200 pas environ, à notre droite. En passant à côté de ce village, notre guide, M. Scimbri, de Jérusalem, nous rapporta l'anecdote suivante : Comme on trouve parfois, nous dit-il, des voleurs dans les montagnes, on met une garde à Latroûn pour protéger les caravanes. Mais, ajouta-t-il, c'est souvent la garde qui dépouille les passants. Cependant nous n'avons pas été inquiétés. Et lorsque je revenais de Jérusalem à Ramlech, j'ai passé, à minuit, près de Latroûn, sans la moindre mésaventure.

A l'extrémité de la plaine de Saron, on rencontre les montagnes de la Judée, montagnes hautes, escarpées, par conséquent montagnes effrayantes pour l'œil qui n'y est pas accoutumé; il faut nécessairement les traverser, tantôt en les gravissant, tantôt en les côtoyant par un petit sentier tracé sur leur flanc et garni de rochers, ou de grosses pierres roulantes. Ces montagnes sont très-rapprochées les unes des autres, en sorte que le ravin qui les sépare n'a quelquefois pas quinze pas de largeur.

A l'entrée des montagnes, à peu de distance du sentier que nous suivons à gauche, sur une montagne qui n'est pas bien élevée, apparaît le village de Nicopolis. On croit que c'est l'ancien Emmaüs, où se rendaient deux disciples du Sauveur, après sa résurrection. D'après saint Luc, l'un de ces deux disciples se nommait Cléophas (Luc, xxiv, 18). Saint Jérôme semble dire que Cléophas était de ce bourg d'Emmaüs. Le même évangéliste saint Luc dit qu'Emmaüs était éloigné de 60 stades de Jérusalem. *Et ecce duo ex illis ibant ipsa die in castellum, quod erat in spatio stadiorum sexaginta ab Jerusalem, nomine Emmaüs* (Luc. xxiv, 13), ce qui fait à peu près 16 kilomètres. Je n'oserais dire que c'est la distance précise de Nicopolis à Jérusalem.

Après avoir dépassé Nicopolis ou Emmaüs, nous nous arrêtâmes sur le flanc d'une montagne, ombragé par des oliviers. C'était là que nous devions déjeuner. Il était neuf heures du matin. Notre guide, après avoir cherché longtemps de l'eau dans les ravins, finit pourtant par en trouver. C'était la seule boisson que nous avions, avec une bien petite quantité de vin que nous y mêlions. Je puis dire que nous fîmes en cet endroit un déjeûner à la façon des patriarches, puisque, sans parler de la sobriété, nous étions assis par terre et nous avions pour tentes des oliviers.

Nous restâmes en ce lieu depuis 9 heures jusqu'à midi; après quoi nous nous remîmes en route, sous un soleil brûlant.

Après une heure environ de marche, nous arrivons à Kuriat-el-Aneb, village d'Abou-Gosh, le plus fameux brigand de la

Palestine. Quoi qu'il en fût, nous ne voulions cependant pas passer son village sans lui faire visite, au risque d'être mal accueillis. Bien loin de là, ses affidés, que nous trouvâmes fumant leur pipe, mollement couchés dans un petit jardin ombragé par des oliviers et des figuiers, nous reçurent très-bien ; ils nous offrirent le café, et nous dirent qu'Abou-Gosh était dans les montagnes (peut-être à faire un tour de son métier). Nous ne voulûmes pas accepter le café, parce qu'il nous tardait d'arriver à Jérusalem.

Le village d'Abou-Gosh est situé sur le flanc nord d'une montagne escarpée. Nous passions tout près de là. A l'entrée et au-dessous de ce village, se trouve une église dédiée à saint Jérémie. Les murailles sont en bon état, mais les décorations sont bien dégradées. Quelques mille francs pourraient en faire une superbe église ; mais quand même quelqu'un voudrait faire cette dépense, il est bien probable que le fanatisme musulman s'y opposerait.

Après avoir fait nos remerciements et nos salutations aux affidés d'Abou-Gosh, nous continuons notre route vers Jérusalem, et toujours à travers les montagnes. Le premier objet qui se présente à notre curiosité et à notre piété, c'est le tombeau du prophète Samuel. Il est à notre gauche, à environ un kilomètre du sentier que nous suivons, sur une haute montagne (je dis presque toujours *haute montagne*, parce que presque toutes les montagnes de la Judée sont fort élevées). Nous n'avons point visité ce monument, mais il m'a paru élevé et bien conservé. Puisque c'est le tombeau de Samuël, par conséquent la montagne est l'ancienne Ramatha de l'Écriture, dont il est dit : « Samuel mourut..... et ils l'ensevelirent dans sa maison, dans Ramatha. *Mortuus est autem Samuel..... et sepelierunt in domo sua, in Ramatha* (I REG. XXV, 1). »

Un peu plus loin à notre droite, également sur une montagne très-élevée, nous apercevons l'ancienne Modin, séjour des Machabées. Il m'a paru ne rien rester de cette ville qu'une tour que l'on nous dit être le tombeau de ces illustres guerriers.

L'Écriture dit positivement que le grand Mathatias, père des Machabées, fut enseveli dans la ville de Modin. « Il mourut (Mathatias), et il fut enseveli à Modin, par ses enfants dans le sépulcre de ses pères, et tout Israël le pleura et fit un grand deuil à sa mort. *Et sepultus est à filiis suis in sepulcro patrum suorum in Modin* (MACH. XXVII). » Il est encore dit de Judas Machabée, son fils : « Jonathas et Simon emportèrent le corps de Judas leur frère, et le mirent dans le sépulcre de leurs pères, dans la ville de Modin. *Et Jonathas et Simon tulerunt Judam fratrem suum, et sepelierunt in sepulcro patrum suorum, in civitate Modin* (MACH. IX, 19). »

La ville de Modin, ou plutôt le tombeau des Machabées, se trouve à l'orient de Jérusalem, par conséquent du côté de Saint-Jean-du-Désert.

Une fois le tombeau de Samuel et celui des Machabées dépassés, nous n'apercevons plus que de hautes montagnes, surtout à notre droite, et qui ne nous présentent aucun intérêt. Mais, bientôt après, nous arrivons à la vallée de Térébinthe. C'est un profond ravin, qui se prolonge du nord au sud. Au nord-ouest, se trouve un petit village cramponné sur le flanc de la montagne, et qui porte probablement le nom de village de la vallée de Térébinthe.

A l'endroit où nous traversions la vallée, se trouve un petit jardin, bien frais et bien planté d'arbres fruitiers. Nous sommes entrés dans ce jardin pour acheter des raisins, car nous étions brûlés par la soif. Il était trois heures et demie du soir.

C'est, comme on le sait, dans cette vallée de Térébinthe, que le jeune berger David terrassa le géant Goliath. L'endroit où il le terrassa est à 2 kilomètres de l'endroit où nous traversions la vallée.

« Les Philistins assemblèrent de nouveau toutes leurs troupes pour combattre Israël. Ils se rendirent tous à Socho, dans la tribu de Juda, et campèrent entre Socho et Azeca, dans le pays de Dommim. Saül et les enfants d'Israël, de leur côté, s'étant assemblés, vinrent en un lieu élevé au-dessus de la vallée de Térébinthe, et y mirent leur armée en bataille pour combattre les Philistins. Les Philistins étaient d'un côté sur une montagne, et Israël était de l'autre, sur une autre montagne, et il y avait une vallée entre deux, qui est celle de Térébinthe (I Reg. xvii, 1-2-3). »

Me rappelant alors avec quelles armes David avait tué Goliath, je pris aussi quelques pierres dans le torrent, en mémoire de ce fait, lesquelles j'ai apportées avec moi. « Il (David) prit son bâton, qu'il avait toujours à la main, et choisit dans le torrent cinq pierres polies. *Et elegit sibi quinque limpidissimos lapides de torrente* (I Reg. xvii, 40). »

Aux environs de la vallée de Térébinthe il y a beaucoup de vignes, surtout du côté de Jérusalem.

Je dois encore mentionner ici un endroit qui m'a frappé, et qui se trouve au delà de la vallée de Térébinthe, du côté de Jérusalem. Nous arrivions sur une montagne qui n'est pas bien élevée, mais dans un pays désert. Là, j'ai remarqué une maison bâtie un peu à l'européenne. Auprès de cette maison est un jardin dans lequel il y a de beaux ceps de vigne, des figuiers et des légumes. Ce jardin m'a paru fertile, quoique le terrain qui l'environne soit couvert de grosses pierres, ce qui prouve qu'il ne manque à la Palestine que les soins et la culture ; et c'est ce qui doit faire ajouter foi aux auteurs des Livres Saints qui parlent toujours de la Palestine comme d'une terre d'où découlent des ruisseaux de lait et de miel. *Dominus tradidit vobis terram lacte et melle manentem* (Deut. xxvi, 9). « En ce jour-là, dit le Seigneur, je levai ma main sur eux pour les tirer de la servitude de l'Egypte, et pour les conduire dans une terre que j'avais choisie pour eux, où coulent des ruisseaux de lait et de miel, et qui excelle au-dessus de toutes les terres (Ezech. xx, 6). »

En traversant les montagnes, j'ai même cru remarquer des restes de murailles, sur leur flanc escarpé, qui servaient à soutenir les terres, et qui faisaient de ces montagnes des espèces d'amphithéâtres où les Israélites plantaient des vignes, des oliviers et des figuiers, au rapport des historiens. C'est ainsi qu'ils tiraient parti des lieux les plus stériles, en apparence. Je ne fus donc point surpris de trouver un beau jardin dans cet endroit rocailleux, qui est un vrai désert. D'un autre côté, je suis un peu porté à croire que ce jardin est cultivé par un Européen. Car, lorsque nous passions auprès, trois enfants, un petit garçon et deux petites filles, que la curiosité avait attirés pour nous voir, me parurent vêtus à l'européenne. Rien d'étonnant donc que ce ne fût une famille européenne, qui se serait établie dans cette contrée, qui n'est d'ailleurs pas éloignée de Jérusalem, ce qui facilite le transport de ses productions.

La même chose a lieu aux piscines de Salomon, près de Bethléem. Un Anglais s'est emparé d'un terrain ; il en a fait un beau jardin, dans lequel il y a toutes sortes de légumes du pays : de beaux pêchers, des figuiers, etc., et deux poiriers qu'il aura probablement fait venir d'Europe, car on n'en voit point aux environs. Il est là avec toute sa famille, qui est nombreuse : quatre filles et deux garçons. Mais les deux garçons ne sont plus à la maison. Il nous a offert des fruits de son jardin, que nous avons acceptés ; nous désirions les payer, mais il n'a rien voulu recevoir.

Je reviens à notre route de Jérusalem, il nous reste encore du chemin à faire et des montagnes à gravir. Chaque fois que je montais une montagne, je me disais : Quand je serai sur le haut, je vais sans doute apercevoir la Ville Sainte. Mais c'était une autre montagne dépourvue d'habitations, et qu'il fallait gravir de nouveau, ce qui se répéta plusieurs fois.

Enfin, nous arrivons dans une plaine, mais une plaine couverte de gros rochers, et si rapprochés les uns des autres que nous sommes obligés de faire des zigzags pour chercher le sentier que nous devons parcourir.

J'oubliais de mentionner un trait bien digne de notre reconnaissance. Un P. Franciscain et le chancelier de Mgr Valerga, patriarche de Jérusalem, sont venus à notre rencontre, bien avant dans les montagnes. Il y avait peu de temps que nous avions dépassé la vallée de Térébinthe.

Après avoir traversé cette plaine de rochers, nous arrivons dans un petit espace où il n'y a plus de pierres. C'est de là que Jérusalem nous apparaît. De cet endroit la Ville Sainte s'étend sous les yeux du nord au sud ; on ne voit pourtant pas la ville entière, mais seulement la partie bâtie sur la montagne du Calvaire. Aussitôt que j'aperçois la Ville Sainte, je descends de cheval, je me prosterne le visage dans la poussière; ce que font tous les autres pèlerins.

Il me serait bien difficile d'exprimer les sentiments et les émotions qu'éprouvait mon cœur. Pénétré de la plus vive reconnaissance, je prononçais ces paroles du saint homme Tobie : « Heureux tous ceux qui t'aiment, ô Jérusalem, et qui mettent leur joie dans ta paix ! *Beati omnes qui diligunt te (Jerusalem) et qui gaudent super pace tua* (Tob. xiii, 18). »

« O mon âme, » disais-je encore, « bénis le Seigneur, puisqu'il t'a accordé l'insigne faveur de voir Jérusalem ! *Anima mea, benedic Dominum, quoniam (adduxit te) ad videndam Jerusalem !* (Tob xiii, 19-20). »

Après que chacun a satisfait sa piété, nous remontons à cheval, et vingt minutes après nous arrivons à la porte de Jaffa, où nous trouvons grand nombre de musulmans rangés en file et qui, sans rien nous dire, nous regardent avec étonnement. Il était cinq heures du soir lorsque nous entrions dans la Ville Sainte. C'était le 2 septembre.

Il y a ordinairement des soldats et une sentinelle à la porte ; mais nous avons passé librement. D'ailleurs, bien loin de craindre, nous arrivions comme en triomphe.

De la porte de Jaffa à Casa-Nova (c'est le nom du couvent où nous devions descendre) il n'y a, je crois, pas 300 mètres. Trois petites rues tortueuses, et que nous trouvâmes encombrées d'hommes et de chameaux, sont tout l'espace qu'il y a à parcourir. Arrivés au couvent, nous fûmes reçus par les bons

PP. Franciscains, avec toute l'affection et toute la cordialité que nous pouvions désirer. C'est là que nous devions loger pendant tout notre séjour à Jérusalem.

Lorsque je fus au repos dans ma chambre, seul avec moi-même, je ne pouvais presque me persuader que j'étais à Jérusalem, tant mon étonnement était grand ! et pourtant j'en avais la certitude. Hélas ! me disais-je, en partant de Pezé je disais : *Lætatus sum in his quæ dicta sunt mihi ; in domum Domini ibimus*; maintenant je puis dire : *Stantes erant pedes nostri in atriis tuis, Jerusalem* (Ps. cxxi, 2). Oui, mes pieds foulent maintenant le sol de la cité de David, et surtout ils foulent la terre sanctifiée par les pas de notre bon Sauveur.

Nous ne sortîmes pas du couvent dans la soirée. D'ailleurs, nous avions besoin d'un peu de repos, puisque, excepté trois heures que nous nous étions reposés dans les montagnes, nous avions toujours été à cheval depuis deux heures du matin jusqu'à cinq heures du soir, et n'avions fait qu'un frugal déjeuner.

Le lendemain, 3 septembre, notre première sortie fut pour aller à l'église du Saint-Sépulcre, y célébrer la sainte Messe.

De Casa-Nova à l'église du Saint-Sépulcre, il peut y avoir environ 300 mètres. La rue se trouve sur le versant est de la montagne du Calvaire. L'église est bâtie sur le sommet de cette montagne, et presque au centre de la nouvelle Jérusalem; car, comme on le sait, l'ancienne ayant été détruite par Titus, l'an 70 de J.-C., l'empereur Adrien fit bâtir la nouvelle ville sur la montagne du Calvaire, au nord-ouest de l'ancienne. Il reste pourtant encore beaucoup de choses de l'ancienne Jérusalem : ainsi, du côté de la porte de Damas, le mont Acra, une partie du mont Moriah, une partie du mont Sion : tout cet espace est couvert de maisons; ce qui fait, je crois, la moitié de la ville actuelle.

Mais, comme je ne veux point faire le géographe ni l'historien, je reviens à mon simple récit. Notre première sortie, comme je le disais tout à l'heure, fut pour aller à l'église du Saint-Sépulcre.

§ IV.

Description de l'église du Saint-Sépulcre.

Je ne prétends point faire ici une description exacte de l'église du Saint-Sépulcre, je vais seulement mentionner mes souvenirs, d'après ce que j'ai eu sous les yeux.

L'église, de forme très-irrégulière, était surmontée autrefois d'une belle coupole, mais qui a été brûlée en..... Elle est, dis-je, de forme irrégulière ; car on a voulu renfermer dedans tout le sommet de la montagne du Calvaire. L'entrée regarde le sud-est. Au-devant de l'église il y a une petite place carrée, d'environ 8 mètres de diamètre. Cette place était peut-être autrefois un portique, car il y a encore deux tronçons de colonnes qui sembleraient l'indiquer. C'est probablement dans un coin de cette place que se tenait sainte Marie d'Égypte, prosternée au pied d'une image de la Mère de Dieu, la suppliant de lui obtenir la faveur d'entrer dans l'église, pour y adorer le bois sacré de notre rédemption.

L'église a deux grandes portes d'entrée, qui ne sont séparées que par un gros pilastre. Mais celle de droite est murée ; c'est donc par celle de gauche que l'on entre dans ce saint lieu. Au dedans de l'église, à main gauche, et tout près de la porte, se trouve une espèce de divan, élevé de 90 centimètres au-dessus du sol. Là sont couchés nonchalamment des Turcs, fumant le chibouk (leur pipe). Ce sont probablement les gardiens du Saint Lieu. C'est sans doute un sujet de gémissements et de larmes pour les bons PP. Franciscains ; mais ils sont obligés de souffrir ce qu'ils ne peuvent empêcher. Pour moi, à cette vue, je me rappelai ces paroles du Prophète-Roi : « O mon Dieu ! les nations sont entrées dans votre héritage ; elles ont souillé votre saint temple ! *Deus, venerunt gentes in hæreditatem tuam ; polluerunt templum sanctum tuum* (Ps. LXXVIII, 1). »

Mais s'il y a là une peine à souffrir, il y a bien des consolations qui attendent le pèlerin !

En avançant d'environ dix pas, le premier objet qui se présente à sa piété, c'est la pierre de l'Onction, c'est-à-dire la pierre sur laquelle Joseph d'Arimathie et Nicodème déposèrent le corps mort du Sauveur, pour l'embaumer. « Ils prirent donc le corps de Jésus, » dit l'Évangile, « l'enveloppèrent dans des linceuls avec des aromates, selon la manière d'ensevelir qui est ordinaire aux Juifs. *Acceperunt corpus Jesu, et ligaverunt illud linteis cum aromatibus, sicut mos est Judœis sepelire* (JOAN. XIX, 40). »

Cette pierre sacrée dépasse le sol d'environ 5 centimètres; elle est recouverte par une plaque de marbre jaunâtre. Quatre petites colonnettes jaunes soutiennent un baldaquin, au-dessous duquel brûlent quatre lampes. Sans qu'on me l'eût dit, je devinai que c'était la pierre de l'Onction. Quand je fus auprès, je me prosternai à deux genoux, le visage sur le pavé, adorant et remerciant mon bon Sauveur du fond de mon cœur. Ensuite je m'approchai, en rampant sur mes genoux, de cette pierre sacrée. Je la baisai respectueusement. Hélas ! me disais-je, c'est donc sur cette pierre que le corps mort de mon Sauveur a été déposé, après qu'il fut détaché de la croix ! Cette pierre est la treizième station du chemin de la Croix.

De la pierre de l'Onction, en tournant à droite, et faisant quelques pas, on monte un escalier de quatorze marches, hautes chacune de 22 centimètres. C'est par cet escalier que l'on gravit le rocher du Calvaire, qui se trouve enfermé dans l'église. Au haut de cet escalier se trouve une plate-forme d'environ 7 mètres carrés; c'est le Golgotha de l'Évangile. *Et venerunt in locum qui dicitur Golgotha* (MATTH. XXVII, 33).

Quand on est au haut de l'escalier, en avançant seulement de quatre pas, on voit sur le pavé une mosaïque de forme ronde, en marbre blanc et noir, d'un mètre de diamètre. C'est là que l'on dépouilla Jésus-Christ de ses habits avant de le crucifier. C'est la dixième station du chemin de la Croix. Deux pas plus loin, on rencontre une autre mosaïque de même couleur et de même dimension que la première. Elle marque le lieu où la croix était couchée, pendant que l'on y clouait Jésus-Christ. « Et lorsqu'ils furent arrivés au lieu appelé Calvaire, ils y crucifièrent Jésus, dit l'Évangile. *Et postquam venerunt in locum, qui vocatur Calvariæ, ibi crucifixerunt eum* (Luc. XXIII, 33) (1). » En avant de cet endroit, il y a un autel que l'on nomme l'autel du Crucifiement, lequel appartient aux latins. A un mètre de cet autel, et à main gauche, se trouve un autre tout petit autel, lequel appartient aussi aux latins. C'est là que la très-sainte Vierge se tenait pendant que son divin fils était attaché à la croix. *Stabat juxta crucem Jesu Mater ejus* (JOAN. XIX, 25). Oh oui ! cette bonne et tendre mère se tenait bien près de la croix ! car j'ai remarqué que de cette place, en courbant un peu mon corps et en allongeant le bras, j'aurais pu toucher l'endroit où la croix était plantée.

Sous ce petit autel dont je viens de parler, se trouve la colonne sur laquelle Jésus-Christ était assis pendant qu'on le couronnait d'épines. Cette colonne, en marbre noir, d'un diamètre de 27 centimètres, sur une hauteur d'environ 53, aura sans doute été apportée du prétoire de Pilate, puisque l'Évangéliste dit : « Alors les soldats le menèrent dans le prétoire, et l'ayant revêtu d'un manteau d'écarlate, ils lui mirent sur la tête une couronne d'épines entrelacées. *Milites duxerunt eum in atrium prætorii..... et imponunt ei plectentes spineam coronam* (MARC. XV, 16-17). » Cet autel porte encore, dans les livres liturgiques des PP. Franciscains, le nom d'autel du Couronnement, *altare Coronationis*.

Entre ce petit autel, à main gauche, et la place où la croix fut élevée, se trouve la fente de rocher qui se fit à la mort de Notre-Seigneur. Les pierres se fendirent, est-il dit. *Petræ scissæ sunt* (MATTH. XXVII, 51). La fente a environ 9 centimètres

______

(1) Onzième Station.

à l'orifice, elle va en diminuant. On la voit dans une longueur de 1 mètre, le reste est caché par le mur de l'église. Elle est dans le sens du midi au nord. Le rocher se montre à nu en cet endroit; c'est un silex blanchâtre. Chaque fois que je me suis trouvé sur le Golgotha, je n'ai jamais manqué de baiser cette fente et de mettre mon bras dedans; priant le bon Sauveur d'amollir mon cœur, peut-être plus dur que cette pierre.

De la fente du rocher à la place de la croix il n'y a pas plus de 1 mètre 33 centimètres de distance. Le trou a maintenant environ 50 centimètres de profondeur, il est creusé dans une roche vive. Ce trou est sous un autel qui appartient exclusivement aux grecs schismatiques, qui ne permettent pas aux latins d'y célébrer la sainte Messe. J'ai mis plusieurs fois ma main dans ce trou, je l'ai baisé avec respect. Je me figurais voir notre bon Sauveur attaché à la croix, son précieux sang coulant sur ce bois sacré et ruisselant sur le rocher sur lequel j'étais à genoux. Ma prière dans ce moment était celle de l'Église : *O crux, ave, spes unica. Hoc passionis tempore, piis adauge gratiam, reisque dele crimina* (hym. *Vexilla*).

Peu importe de quel côté Jésus-Christ avait la face lorsqu'il était attaché à la croix, puisqu'il mourait pour le salut de tout le monde : s'il était tourné vers le nord, il voyait son sépulcre ; s'il était tourné vers le midi, il portait un regard de miséricorde sur l'ingrate Jérusalem, car Jésus disait en ce moment : « Mon Père, pardonnez-leur, car ils ne savent ce qu'ils font. *Pater, dimitte illis : non enim sciunt quid faciunt* (Luc. XXIII, 34). »

Sur le rocher du Golgotha, derrière les trois autels dont je viens de parler, mais en dehors de l'église, se trouve un appartement qui, je crois, appartient aux Arméniens schismatiques. C'est, nous a-t-on dit, la prison dans laquelle on enferma Jésus-Christ, pendant que l'on préparait les instruments de son supplice. Nous n'avons pu y pénétrer. Pourtant, un Arménien a mis toute la bonne volonté possible pour en ouvrir la porte, mais il n'a pu y parvenir.

Maintenant descendons du Calvaire. Lorsqu'on est au bas

de l'escalier, en tournant à main droite et en faisant une vingtaine de pas, on arrive à un escalier d'environ 30 marches. C'est par cet escalier que l'on descend au lieu de l'invention de la sainte croix. A moitié de cet escalier, on rencontre une petite chapelle, dans laquelle il y a un autel qui appartient aux latins. C'est la chapelle de sainte Hélène, mère du grand Constantin. Au bas de l'escalier, est le lieu de l'invention de la sainte croix. Ce souterrain n'est éclairé que par des lampes qui y brûlent continuellement. Au-dessus de l'autel, est une grande croix en marbre noir, de la hauteur d'environ 2 mètres. Je crois que ce lieu de l'invention de la sainte croix appartient aux PP. Latins, parce que c'est une des stations d'une procession qu'ils font tous les jours, après complies, dans l'église du Saint-Sépulcre.

Après avoir remonté l'escalier, et après avoir fait une vingtaine de pas, on voit, à main droite, la sacristie des PP. Franciscains. C'est là que nous prenions les ornements sacrés pour célébrer la sainte Messe dans les différents sanctuaires de l'église. On conserve dans le trésor de cette sacristie l'épée de Baudouin et ses étriers. J'ai eu entre les mains ces deux objets. L'épée est courte, très-pesante ; c'est une espèce de coutelas.

En sortant de la sacristie, encore à main droite, est un petit autel, que l'on nomme l'autel de la Flagellation, probablement parce que au-dessus de cet autel, dans un lieu bien fermé, se trouve un tronçon de cette colonne à laquelle Jésus-Christ fut lié et attaché par ordre de Pilate. Ce tronçon est en marbre noir, non poli, d'un diamètre de 27 centimètres et d'une hauteur d'environ 70 centimètres. J'ai eu le bonheur de baiser cette colonne : j'aurais eu le cœur bien dur si je n'avais pas été pénétré de la plus vive contrition, en pensant au cruel et ignominieux traitement que mon Sauveur a enduré pour expier mes péchés.

Quand je mentionnerai mes souvenirs de la Ville Sainte, je parlerai de la salle de la Flagellation, qui est près du palais de Pilate.

Tout près de cet autel de la Flagellation, se trouve un orgue qui appartient exclusivement aux PP. latins.

Tout près encore, se trouve la porte d'une grande chapelle dans laquelle les PP. latins chantent l'office canonial. C'est une tradition constante parmi les catholiques de Jérusalem que c'est dans cet endroit que Jésus-Christ apparut à sa sainte Mère, après sa résurrection. Aussi appelle-t-on cette chapelle la chapelle de l'Apparition de Jésus-Christ à la sainte Vierge.

Derrière cette chapelle, du côté du nord, est un petit couvent, attenant à l'église du Saint-Sépulcre ; c'est là que se retirent, à tour de rôle, quelques Pères du couvent de Saint-Sauveur, pour chanter l'office, et qui sont spécialement chargés de garder le Saint Lieu.

En revenant sur ses pas, vers l'escalier qui monte au Calvaire, on arrive à l'endroit où Jésus-Christ apparut à sainte Marie-Madeleine, sous la forme d'un jardinier. « Jésus-Christ étant ressuscité le matin, le premier jour de la semaine, » dit l'évangéliste saint Marc, « il apparut premièrement à Marie-Madeleine. *Surgens autem mane, prima sabbati, apparuit primo Mariæ-Magdalenæ* (MARC. XVI, 9). » Cet endroit de l'apparition de Jésus-Christ à Madeleine est marqué sur le pavé par une mosaïque en marbre blanc et noir, de 1 mètre de diamètre ; au-dessus brûle une lampe.

Tout près se trouve un autel dédié à la Sainte, et que l'on appelle l'autel de l'Apparition de Jésus-Christ à sainte Madelaine.

L'évangéliste saint Jean dit que Marie se tenait dehors, près du sépulcre, versant des larmes. *Maria autem stabat ad monumentum, foris plorans* (JOAN. XX, 11). Cet endroit, en effet, n'est pas éloigné de plus de quinze pas du Saint-Sépulcre, vers le nord. C'est donc là que Jésus-Christ lui adressa ces paroles : « *Femme, pourquoi pleurez-vous ?* » Elle, pensant que c'était le jardinier, *illa existimans quia hortulanus esset*, lui dit : « Si c'est vous qui l'avez enlevé, dites-moi où vous l'avez mis, et je l'emporterai. *Domine, si tu sustulisti eum, dicito mihi ubi posuisti eum, et ego eum tollam.* Jésus lui dit : « Marie. » Elle se retourna, et lui dit : « Rabboni, » c'est-à-dire, mon maître. *Dicit ei Jesus : Maria. Conversa illa dicit ei, Rabboni, quod dicitur magister* (JOAN. XX, 15-16). »

Tout près de là, vers l'orient, se trouve un autel dédié à la Sainte, lequel appartient aux latins.

Si l'on revient à la pierre de l'Onction, en s'avançant ensuite vers le sud-ouest, d'une vingtaine de pas environ, on arrive dans une petite chapelle obscure. C'est là que se trouve le tombeau de Joseph d'Arimathie. Après que Joseph d'Arimathie eut mis le corps de Jésus dans le sépulcre qu'il s'était fait creuser pour lui-même, il s'en fit creuser un autre, à environ quinze pas de celui-ci, pour lui et pour sa famille. Ce tombeau n'a rien de remarquable. C'est une cavité creusée dans le roc, dont l'entrée, qui est étroite, fait le niveau avec le sol de l'église. Comme l'entrée est fort étroite, je n'ai point cherché à y pénétrer. Je me suis contenté de le considérer. Par conséquent, je ne puis dire quelle est sa profondeur et sa dimension. Les autres pèlerins n'en peuvent dire davantage.

En revenant du tombeau de Joseph d'Arimathie, vers l'est, on arrive à la porte d'un superbe sanctuaire des grecs schismatiques, qui se trouve en face du Saint-Sépulcre. L'abside de ce sanctuaire est à quelques pas de la pierre de l'Onction. On voit dans ce sanctuaire une petite mosaïque en rond, laquelle, selon les grecs, désigne le milieu de la terre ; fondés, sans doute sur ces paroles du psaume. « Dieu a opéré notre salut au milieu de la terre. *Deus..... operatus est salutem in medio terræ* (Ps. LXXIII, 13). » Mais on pourrait peut-être leur objecter ce que Pascal disait de l'espace. L'espace, disait ce savant mathématicien, est un grand cercle dont le centre est partout et la circonférence nulle part. De même, la terre est un gros globe, dont la circonférence est quelque part, il est vrai, mais dont le centre est partout.

§ V.

Description du Saint-Sépulcre.

Pour avoir une idée du lieu qu'occupe le tombeau de Notre-Seigneur Jésus-Christ dans l'église du Saint-Sépulcre, revenons à la porte d'entrée de l'église. De cette porte au Saint-Sépulcre, il peut y avoir 30 ou 40 pas. Le Saint-Sépulcre est directement en face de cette porte. En m'avançant dans l'église, j'arrive à la pierre de l'Onction, dont j'ai parlé plus haut. Tout près de la pierre de l'Onction, se trouve l'abside du grand sanctuaire des grecs, dont j'ai aussi parlé. Sans cette abside, je pourrais m'avancer directement vers le Saint-Sépulcre. Je suis donc obligé de tourner à droite ou à gauche. En tournant à gauche, je passe entre deux gros pilastres, très-rapprochés l'un de l'autre, lesquels soutiennent la coupole de l'église. A quelques pas de là, en tournant à droite, je me trouve à la grande porte d'entrée du sanctuaire des grecs. C'est de là que j'arrive en face du Saint-Sépulcre.

En m'avançant d'environ dix pas, je rencontre une estrade; pour y monter, il y a deux marches dont chacune n'a pas plus de 5 centimètres de hauteur. Cette estrade est une mosaïque en marbre blanc et noir, formée de petits pavés en losanges, d'une dimension d'environ 5 centimètres chacun. Cette estrade peut avoir 1 mètre 66 centimètres de largeur, sur 3 mètres 55 de longueur. Quatre colonnettes en marbre jaunâtre, quatre gros candélabres placés de chaque côté de l'estrade, forment comme une avenue au Saint-Sépulcre.

C'est là que je voyais chaque matin, pendant mon séjour à Jérusalem, grand nombre d'Arabes catholiques, priant avec ferveur; puis, quittant leur chaussure, entrer nu-pieds dans le Saint Sépulcre, et baiser ensuite avec un profond respect la pierre sacrée. Chaque fois que j'ai eu le bonheur d'entrer dans ce saint lieu, je ne manquais pas de les imiter.

De dessus l'estrade, en s'avançant, on arrive à la chapelle de l'Ange, dont la porte est de hauteur et de largeur ordinaires. Cette chapelle de l'Ange est un petit carré d'environ 2 mètres de diamètre. Au milieu de cette chapelle, est un petit piédestal de 33 centimètres carrés, d'un marbre jaunâtre, de la hauteur de 85 centimètres. Tous ceux qui entrent dans le Saint-Sépulcre ne manquent jamais d'en baiser le sommet. C'est à cet endroit que se tenait l'ange assis sur la pierre qui fermait l'entrée du Saint-Sépulcre. « Un ange du Seigneur descendit du ciel, et vint renverser la pierre qui était à l'entrée du sépulcre, et s'assit dessus. *Angelus descendit de cœlo : et accedens revolvit lapidem, et sedebat super eum* (MATTH. XXVIII, 2). » Les saintes femmes, qui étaient venues pour embaumer Jésus, furent effrayées à la vue de l'ange, car « son visage était brillant comme un éclair, et ses vêtements blancs comme la neige. *Erat aspectus ejus sicut fulgur, et vestimenta ejus sicut nix* (MATTH. XXVIII, 3). » « Les gardes qui avaient été placés au tombeau de Jésus-Christ en furent tellement effrayés, qu'ils devinrent comme morts. *Præ timore autem exterriti sunt custodes, et facti sunt velut mortui* (MATTH. XXVIII, 4). » Mais l'ange s'adressant aux saintes femmes leur dit : « Pour vous, ne craignez point ; car je sais que vous cherchez Jésus qui a été crucifié. Il n'est point ici ; il est ressuscité : Venez voir le lieu où le Seigneur avait été mis, et hâtez-vous d'aller dire à ses disciples : Il est ressuscité, il sera devant vous en Galilée (MATTH. XXVIII, 5-6-7). »

La tradition est parfaitement conforme au texte de l'Évangile. « L'ange se tenait à l'entrée du sépulcre, est-il dit. Eh bien, la pierre qui fermait l'entrée de ce saint lieu, étant renversée, devait naturellement tomber à l'endroit où se trouve le piédestal dont j'ai parlé.

A 66 centimètres environ de ce piédestal, vers le couchant, se voit l'entrée du Saint-Sépulcre. La porte est fort basse et fort étroite. Je crois qu'elle n'a pas plus de 55 centimètres de largeur, sur 1 mètre 33 centimètres de hauteur.

L'intérieur du Saint-Sépulcre peut avoir 2 mètres 33 centimètres environ de longueur, sur 1 mètre 33 centimètres de largeur. Les parois du Saint-Sépulcre sont le rocher, mais revêtues de quelques sculptures. La pierre sacrée sur laquelle fut déposé le corps du Sauveur, est élevée au-dessus du sol d'environ 55 centimètres. Elle est recouverte d'une plaque de marbre jaunâtre, en sorte qu'on ne peut la baiser. Quand on célèbre la Messe dans ce saint lieu, on ajoute une planche de hauteur d'autel.

Au-dessus de cet autel mobile, il y a un beau Christ en bas-relief, d'environ 22 centimètres de hauteur. Vingt-huit lampes brûlent continuellement dans ce Saint Lieu.

Je me souviens qu'un Père Franciscain nous disait, dans un entretien sur le Saint-Sépulcre, qu'il y a environ 300 ans, on avait levé la plaque en marbre qui recouvre la pierre sacrée, et que l'on avait encore remarqué sur cette pierre des gouttes du sang du Sauveur. Il ne nous a point dit les raisons pour lesquelles on l'avait levée; mais je crois qu'il en faut de graves.

A main droite, en entrant dans le Saint-Sépulcre, et presque dans l'angle, se trouve, pratiqué dans le rocher, le trou par lequel le patriarche, ou les prêtres grecs, montrent le feu sacré qu'ils disent descendre du ciel le samedi saint. Je ne parle point de ce tumulte ou plutôt de cette cohue qui a lieu parmi les grecs, dont chacun veut avoir le premier de ce feu prétendu sacré.

Laissons la fourberie des grecs, pour parler le langage de l'Evangile en mentionnant ce qui se passa au Saint-Sépulcre, à la mort de Notre-Seigneur Jésus-Christ : « Sur le soir, un homme riche, de la ville d'Arimathie, nommé Joseph, qui était aussi disciple de Jésus, vint trouver Pilate, et lui ayant demandé le corps de Jésus pour l'ensevelir, Pilate commanda qu'on le lui donnât. Joseph donc, ayant reçu le corps de Jésus, l'enveloppa dans un linceul blanc et le mit dans un sépulcre neuf, qu'il s'était fait tailler dans le roc; et après avoir roulé une grande pierre jusqu'à l'entrée du sépulcre pour le fermer, il se retira (MATTH. XXVII, 57-58-59-60.) »

Un autre évangéliste dit que : « Marie-Madeleine se tenait dehors près du sépulcre, en versant des larmes. *Maria stabat ad monumentum, foris plorans* (JOAN. xx, 11.) » Hélas ! si, à l'exemple de Madeleine, je n'ai pas pleuré auprès de ce Saint Lieu, c'est que mon cœur était aussi dur et aussi froid que le marbre sur lequel j'étais agenouillé. Mais, au moins, j'ai médité, j'ai prié. J'aimais à réciter la prose *Victimæ pascali laudes*, etc., qui nous rappelle si bien la victoire que Jésus-Christ a remportée sur la mort par sa glorieuse et triomphante résurrection. Je répétais encore ces paroles de l'Evangile : « Pierre vit les linceuls, et le suaire que l'on avait mis sur la tête de Jésus. *Petrus... vidit linteamina posita, et sudarium quod fuerat super caput ejus* (JOAN. xx, 6-7). » Ou bien ces autres paroles de l'Apôtre : « Nous avons été ensevelis avec Jésus-Christ par le baptême, pour mourir au péché, afin que, comme Jésus-Christ est ressuscité d'entre les morts pour la gloire de son Père, nous marchions aussi dans une vie nouvelle (ROM. vi, 4.) » Hélas! j'ai bien des fois demandé à Jésus-Christ la grâce de mourir entièrement au péché pour commencer une vie nouvelle à Jérusalem, et la continuer ensuite le reste de mes jours.

Derrière le Saint-Sépulcre, par conséquent au nord-ouest, se trouve un petit sanctuaire, attenant au Saint-Sépulcre, lequel appartient aux Cophtes schismatiques. Ce sanctuaire est bien pauvre.

A propos des Cophtes, on nous disait, à Jérusalem, qu'il y a quelques années les ministres Cophtes s'étaient plaints à leur patriarche qu'ils n'avaient pas de quoi vivre. Hé bien! leur dit leur patriarche, faites-vous musulmans! Peut-on dire que ce patriarche est dans la bonne foi? Heureusement les ministres et leurs coreligionnaires se sont tous faits catholiques.

Maintenant je vais mentionner les sanctuaires où j'ai eu le bonheur de célébrer la sainte Messe, pendant mon séjour à Jérusalem.

C'était, comme je l'ai dit plus haut, le mardi 2 septembre que nous arrivions à Jérusalem. Le mercredi 5 septembre, je me rendis, ainsi que tous les autres pèlerins, à l'église du Saint-Sépulcre, pour y célébrer la sainte Messe. J'allai faire ma préparation à l'entrée de la chapelle de l'Ange, attendant le moment où je pourrais pénétrer dans le Saint-Sépulcre. La foule était si grande, que je fus obligé d'attendre longtemps. C'étaient de bons Arabes, hommes et femmes, qui étaient venus prier, pour ensuite baiser la pierre sacrée. Hélas! quelle impression se fit sur mes sens lorsque j'aperçus ce Saint Lieu, après lequel j'avais soupiré pendant tant d'années, et que j'avais cherché en traversant la mer et les montagnes de la Judée! Oh! que cette vue fit battre mon cœur! Après avoir traversé la petite chapelle de l'Ange, et après avoir baisé l'endroit où il se tenait après la résurrection du Sauveur, je pénétrai dans le Saint-Sépulcre, en rampant sur mes genoux. Mais comme la foule se pressait, je n'y restai pas quinze secondes. Je baisai respectueusement la pierre sacrée, après quoi je fus obligé de me retirer, pour que d'autres entrassent. Mais je me promis bien de me dédommager après ma Messe.

De là je me rendis à la sacristie des PP. Franciscains, pour prendre les ornements sacerdotaux. Après que j'en fus revêtu, un Père Franciscain dit au petit Arabe qui devait répondre ma Messe : *Ad Calvare.* Je compris que j'allais dire la sainte Messe sur le Calvaire. En suivant mon répondant, j'arrivai en effet sur le haut du Golgotha. L'autel où je devais dire la sainte Messe est celui du Crucifiement. Je fus bien impressionné, je puis le dire; car enfin, étant à l'autel, je foulais à mes pieds l'endroit où la croix était couchée pendant qu'on y attachait Jésus-Christ. Je me figurais ce divin Sauveur étendu sur ce bois de douleur, et les bourreaux enfonçant, à grands coups de marteau, les clous dans ses mains et dans ses pieds sacrés. Je me rappelais dans ce moment ces paroles du prophète : « Dieu l'a chargé lui seul de l'iniquité de nous tous. Il a été offert en sacrifice, parce que lui-même la voulu ; et il n'a point ouvert la bouche pour se plaindre : il sera mené à la mort sans résistance, comme une brebis qu'on va égorger ; il demeurera dans le silence, sans ouvrir la bouche devant ses juges et ses bourreaux, comme un agneau est muet devant celui qui le tond (Isa. liii, 6-7). » Ou bien encore ces paroles de l'Evangile : « Lorsqu'ils furent arrivés au lieu appelé Calvaire, ils y crucifièrent Jésus. *Et postquam venerunt in locum, qui vocatur Calvariœ, ibi crucifixerunt eum* (Luc., xxiii, 33). » Et moi, au saint autel, je renouvelais ce sacrifice de l'amour de Jésus pour les hommes ! Oh ! si la simple lecture de ces paroles fait impression sur les chrétiens qui sont à de grandes distances de Jérusalem, quelle émotion ne doit pas éprouver celui qui est sur le lieu même où elles se sont accomplies ! que de chrétiens se trouveraient heureux s'ils goûtaient une partie du bonheur que j'aurais pu goûter !

Après la sainte Messe, j'allai, ainsi que je me l'étais promis, faire mon action de grâces au Saint-Sépulcre. Je pus y pénétrer facilement, et y rester paisiblement ; car il ne s'y trouvait qu'un prêtre, pèlerin comme moi, qui y faisait aussi son action de grâces. J'en avais bien à rendre au bon Dieu pour tant de faveurs qu'il m'avait déjà accordées. Jésus-Christ semblait me dire au fond du cœur : « Que si cela te paraît peu de choses, je suis prêt d'y en ajouter encore beaucoup d'autres. *Et si parva sunt ista, adjiciam tibi multo majora* (II Reg. xii, 8). »

Je me tenais le visage prosterné sur le pavé, pour adorer Dieu, pour le remercier. Je pleurais, je sanglotais de bonheur. Je disais, comme l'apôtre sur le Thabor : « *Bonum est nos hic esse.* (Matth., xvii, 4). O mon Dieu ! qu'il fait bon ici ! » Oui, si c'eût été la volonté de mon Dieu, j'aurais désiré mourir dans ce saint lieu ; mais j'en étais indigne. Si je me relevais sur les genoux, c'était pour baiser la pierre sacrée ; demandant toujours à Jésus-Christ la grâce de l'aimer de plus en plus, de l'aimer jusqu'au dernier soupir de ma vie.

Que de grâces j'aurais reçues, si la dureté de mon cœur n'y

eût pas mis obstacle ! car il me semble que les grâces tombent à flots, dans ce saint lieu, sur les cœurs bien disposés. Saint François Xavier, au milieu de ses travaux apostoliques, recevait tant de grâces, qu'il disait : « C'est assez, c'est assez, mon Dieu ! *Satis, satis, Domine.* » Hé bien ! je crois qu'un cœur bien préparé pourrait dire dans le Saint-Sépulcre : « *Nimis, nimis, Domine*; c'est trop, c'est trop, mon Dieu, » pour un misérable mortel !

Après mon action de grâces, qui dura je ne sais combien de temps, je sortis de ce saint lieu, pénétré de la plus vive reconnaissance, et en répétant ces paroles de l'Apôtre : « *Christus resurgens ex mortuis, jam non moritur* (Rom. vi, 9), Jésus-Christ étant ressuscité ne meurt plus. » Si donc j'ai le bonheur d'être ressuscité à la grâce, je ne dois plus retourner au péché, mais vivre de la vie de Jésus-Christ.

Le jeudi 4 septembre, c'était à l'autel de la Flagellation, dont j'ai parlé plus haut, que je célébrais la sainte Messe. Comme j'étais à l'autel, j'ignorais encore que j'avais devant moi un tronçon de la colonne de la flagellation, mais je le sus plus tard, puisque j'eus le bonheur de l'adorer. J'étais cependant bien impressionné par la pensée de ce cruel traitement que reçut Jésus-Christ dans le prétoire de Pilate. Je ne manquai pas, ainsi que le jour précédent, d'aller faire mon action de grâces dans le Saint-Sépulcre. Pour cela, je n'avais que quelques pas à faire. J'y trouvai plusieurs de nos bons pèlerins qui s'acquittaient de ce devoir après leur messe; les autres y priaient avec ferveur et profond recueillement.

Avant de partir de Pezé pour mon pèlerinage, je me disais souvent : Oh! que je me trouverais heureux si j'avais le bonheur de célébrer seulement une fois la sainte Messe dans le Saint-Sépulcre ! Hé bien, aujourd'hui vendredi 5 septembre, mes désirs vont être satisfaits! Le bon Dieu, dans son infinie miséricorde, va m'accorder cette inappréciable faveur. En sorte que je puis dire avec autant de bonheur que le Prophète-Roi : « Voici le jour que le Seigneur a fait, passons-le dans les

transports d'une sainte joie. *Hœc dies quam fecit Dominus, exul-
temur et lœtemur in eâ* (Ps. cxvii, 23). » Oui, ce jour restera
à jamais gravé dans mon esprit, et plus encore dans mon cœur !

En prenant les ornements sacerdotaux, je ne sais pas encore
où je vais célébrer la sainte Messe. Mais à peine ai-je assujetti
ma chasuble, qu'un père franciscain dit à un petit Arabe, mon
répondant : *Ad sanctissimum Sepulcrum.* Je contiens ma joie,
mais elle inonde mon cœur. Mon petit Arabe prend le devant,
et je le suis de près. En un instant nous arrivons à la porte du
Saint-Lieu. Le soleil est levé, mais le Saint-Sépulcre n'a encore
de lumière que celle qu'il reçoit des lampes qui y brûlent. C'est
donc à la lueur de ces lampes que je vais célébrer les saints
mystères et offrir la divine victime. Quelles pensées se présentent à mon esprit ! Quels objets précieux j'ai sous les yeux ! A
la hauteur de mes genoux, je vois une pierre sur laquelle le
corps mort de mon Sauveur a été déposé ; 50 centimètres au-
dessus, je vois un autel sur lequel je vais offrir au Père éternel
le corps glorieux de son divin Fils ! Ainsi, au même endroit :
victime sanglante et victime non sanglante, mais immolée l'une
et l'autre par amour pour les hommes. En sorte que chacun de
nous peut dire, comme l'Apôtre : « Jésus-Christ m'a aimé, et
s'est livré à la mort par amour pour moi. *Jesus Christus dilexit
me et tradidit semetipsum pro me* (Gal. ii, 20). »

Enfin je commence la sainte Messe, au milieu de vives
mais bien douces émotions. Au moment de la consécration,
mes premières pensées me reviennent : je me dis dans mon
cœur : Jésus-Christ mort sur cette pierre ; Jésus-Christ vivant
et glorieux entre mes mains ! Au jour de sa passion, il s'offre
par lui-même ; aujourd'hui, à ce moment, il s'offre par les
mains du plus indigne de ses prêtres. Ce qui me donne de la
confiance, c'est que la loi veut bien établir pour pontifes des
hommes pleins de faiblesses. *Lex homines constituit sacerdotes
infirmitatem habentes* (Hebr. vii, 22). Ainsi, quoique le
prêtre soit environné d'infirmités, *Circumdatus infirmitate*
(Hebr v, 2), il est cependant établi pour offrir des dons et

des sacrifices pour les péchés, *Ut offerat dona et sacrificia pro peccatis* (Hebr., v, 1).

Après la sainte Messe, je ne manquai pas de venir faire mon action de grâces dans le Saint-Sépulcre. C'était toujours un nouveau bonheur pour moi de me trouver dans ce saint lieu ; les yeux fixés sur la pierre sacrée, je me représentais Jésus-Christ mort par amour pour moi ; je lui demandais la grâce de ne plus vivre que pour lui. Les paroles de l'Evangile me revenaient toujours à la mémoire. « Le premier jour de la semaine, dit saint Luc, les saintes femmes vinrent au Sépulcre de grand matin, et apportèrent les parfums, qu'elles avaient préparés, pour embaumer le corps de Jésus. Et elles trouvèrent, en y arrivant, que la pierre qui était au-devant du Sépulcre en avait été ôtée, ce qui leur donna beaucoup de joie. Mais, y étant entrées, elles ne trouvèrent point le corps du Seigneur Jésus. Ce qui les ayant mises dans le trouble et la consternation, deux anges, sous la forme de deux hommes, parurent tout à coup devant elles, avec des habits éclatants de lumière. Et comme elles étaient saisies de frayeur, et qu'elles tenaient les yeux baissés contre la terre, ils leur dirent : Pourquoi cherchez-vous parmi les morts celui qui est vivant ? car c'est Jésus que vous cherchez ; il n'est point ici, mais il est ressuscité, comme il l'avait prédit. Souvenez-vous de quelle manière il vous a parlé, lorsqu'il était en Galilée, et qu'il disait : Il faut que le fils de l'homme soit livré entre les mains des pécheurs, et qu'il ressuscite le troisième jour (Luc. xxiv, 1, etc.) »

Ces paroles faisaient une impression d'autant plus vive sur mon esprit, que je me trouvais dans le lieu où elles avaient été dites.

Tous les jours, après Complies, les **PP.** franciscains font une procession, aux différentes stations de l'église du Saint-Sépulcre. Le vendredi 5 septembre, nous tous pèlerins avons assisté à cette procession, ayant un cierge à la main et un livre des prières que l'on récite pendant cette procession.

On donne ce cierge à tous les pèlerins qui font pour la première fois cette procession. Voici le lieu de chacune de ces stations.

1° *Ad columnam Flagellationis, apud quam est indulgentia plenaria.*

A la colonne de la Flagellation, où il y a indulgence plénière.

2° *Ad Carcerem, ubi est indulgentia septem annorum.*

A la Prison, où il y a indulgence de sept ans.

3° *Ad locum Divisionis vestimentorum, ubi est indulgentia septem annorum.*

Au lieu du Partage des vêtements, où il y a indulgence de sept ans.

4° *Ad locum Inventionis sanctæ Crucis, ubi est indulgentia plenaria.*

Au lieu de l'Invention de la sainte Croix, où il a indulgence plénière.

5° *Ad capellam sanctæ Helenæ, ubi est indulgentia plenaria.*

A la chapelle de sainte Hélène, où il y a indulgence plénière.

6° *Ad columnam Coronationis et improperiorum, ubi est indulgentia septem annorum.*

A la colonne du Couronnement et des outrages, où il y a indulgence de sept ans.

7° *Ad locum Crucifixionis, ubi est indulgentia plenaria.*

Au lieu du Crucifiement, ou il y a indulgence plénière.

8° *Ad locum ubi Crux fuit erecta et collocata, ubi est indulgentia plenaria.*

Au lieu où la Croix fut élevée et plantée, où il y a indulgence plénière.

9° *Ad Lapidem ubi Christus fuit inunctus, ubi est indulgentia plenaria.*

A la pierre de l'Onction, où il y a indulgence plénière.

10° *Ad gloriosissimum Christi Domini Sepulcrum, ubi est indulgentia plenaria.*

Au très-glorieux Sépulcre de Notre Seigneur Jésus-Christ, où il y a indulgence plénière.

11° *Ad locum ubi Christus apparuit Mariæ-Magdalenæ in hortulani habitu, ubi est indulgentia septem annorum.*

Au lieu où Jésus-Christ apparut à Marie-Madeleine, sous la forme d'un jardinier, où il y a indulgence de sept ans.

12° *Tandem ad capellam Virginis Mariæ, ubi fertur Christum Jesum, post resurrectionem, apparuisse primo Matri suæ.*

Enfin, à la chapelle de la Vierge Marie, où l'on tient par tradition que Jésus-Christ, après. sa résurrection, apparut premièrement à sa sainte Mère.

Le samedi 6 septembre, c'était à l'autel de l'Apparition de Jésus-Christ à sainte Madeleine, sous la forme d'un jardinier, que je devais célébrer la sainte Messe. Ce ne fut pas sans bonheur que j'entendis le Père franciscain dire à mon petit répondant : *Ad altare Mariæ-Magdelenæ.* Qu'il me soit permis de le dire ici, j'ai toujours eu une grande dévotion pour cette Sainte, à cause de son grand amour pour Jésus-Christ. Aussi, chaque fois que je passais auprès de l'endroit où Jésus-Christ lui apparut après sa résurrection, j'avais toujours soin de me mettre à genoux. Ensuite, je répétais ces paroles de l'Evangile : « Jésus étant ressuscité le matin, il apparut premièrement à Marie-Madeleine. *Surgens (Jesus) mane prima sabbati, apparuit primo Mariæ-Magdalenæ* » (MARC., XVI, 9). » Après avoir fait mon action de grâces dans le Saint-Sépulcre, car c'était toujours là que j'allais la faire, je me tins quelques instants dans la chapelle de l'Ange. Je me figurais occuper la place de Marie-Madeleine et de l'autre Marie. « Marie-Madeleine et l'autre Marie restèrent là, dit l'Évangéliste, se tenant assises auprès du Sépulcre. *Erat autem ibi Maria Magdalene, et altera Maria, sedentes contra sepulcrum* (MATTH., XXVII, 61). »

Le dimanche 7 septembre, dès 5 heures, je partis de Casa-Nova pour aller célébrer la sainte Messe dans la salle de la Flagellation. La salle de la Flagellation se trouve dans l'ancienne Jérusalem. C'était la seconde fois que j'y entrais, mais comme je devais y dire la sainte Messe, mes émotions étaient plus grandes que la première fois. Je me figurais Jésus-Christ attaché à la colonne, cruellement flagellé par une soldatesque effrénée. Après ma Messe, je fis mon action de grâces tout près de l'endroit où la colonne était plantée. Je baisai plusieurs fois le trou qui marque le lieu. Le consul d'Autriche, son épouse, et une dizaine de femmes assistaient à ma Messe avec une piété vraiment édifiante.

Le lundi 8 septembre, fête de la Nativité de la très-sainte Vierge, ce fut dans la grotte de l'Agonie, au pied de la montagne des Oliviers, que je célébrai la sainte Messe. J'étais déjà entré une fois dans cette sainte grotte, mais c'était pour la visiter et pour y prier. Cette fois, c'était pour offrir le divin sacrifice. Hélas ! je me figurais Jésus-Christ prosterné le visage contre terre, offrant par avance à son divin Père le sacrifice de sa passion, sacrifice que je devais renouveler sur l'autel.

J'entrerai dans un plus grand détail sur la salle de la Flagellation et sur la grotte de l'Agonie, lorsque je mentionnerai mes souvenirs de la Ville-Sainte.

Déjà le vendredi 5 de septembre, j'avais eu le bonheur de dire la sainte Messe dans le Saint-Sépulcre. Oh ! c'était pour moi un bonheur inappréciable. Pénétré de reconnaissance pour cette première faveur, je disais comme David : « Que suis-je, ô Seigneur mon Dieu, pour que vous m'ayez accordé cette faveur ? *Quis ego sum, Domine Deus, quia adduxisti me huc usque ?* (II Reg., VII, 18). » Mais Dieu, dont les bienfaits sont intarissables, semblait me dire, comme au même David : « Que si cela paraît peu de chose, je suis prêt d'y en ajouter beaucoup d'autres. *Et si parva sunt ista , adjiciam tibi multo majora* (II Reg., XII, 8). »

Le 8 septembre au soir, le vice-président de notre caravane me dit, ainsi qu'à un autre prêtre, pèlerin comme moi : « Ce soir, vous irez coucher au Saint-Sépulcre, pour y célébrer demain la Messe. » Coucher au Saint-Sépulcre, c'est aller passer la nuit dans le petit couvent des PP. Franciscains, attenant à l'église, et dont j'ai déjà parlé. Nous nous rendîmes au couvent, vers six heures. Là, après avoir partagé avec les bons Pères un frugal dîner, on nous conduisit dans une chambre, pour y prendre un peu de repos. Il y a dans cette chambre une ouverture par laquelle on peut voir dans l'église du Saint-Sépulcre, en sorte que, sans me déplacer, je pouvais considérer ce saint lieu à mon aise. Mes émotions m'ôtèrent toute envie de dormir. Du reste, j'eus peu de temps pour me reposer, car je me couchai tard, et j'avais prié un des Pères de m'éveiller à minuit, pour assister à leurs Matines. Aussitôt que je fus averti, je me rendis à leur office, qui fut terminé à deux heures. Il se chante, comme je l'ai dit, dans la chapelle de l'Apparition de Jésus-Christ à sa sainte Mère.

Quand l'office fut fini, j'allai m'asseoir sur une banquette, tout près de la porte du sanctuaire des Grecs, en face du Saint-Sépulcre. J'eus bien le temps de faire ma préparation pour dire la sainte Messe, car les Arméniens et les Grecs devaient la dire avant moi dans le Saint-Sépulcre.

Ce furent d'abord les Arméniens. J'examinai de mon mieux comment ils disent la Messe. Mais comme ils chantaient et récitaient leurs prières en arménien, il me fut impossible de suivre toutes les parties de leur Messe. D'ailleurs, le célébrant se tenait dans le Saint-Sépulcre, par conséquent je ne pouvais pas le voir. Seulement, il venait de temps en temps vers les chantres et ses coreligionnaires, qui étaient debout sur l'estrade au-devant de la chapelle de l'Ange. Les uns chantaient, et les autres récitaient des prières. Quand le célébrant eut communié dans le Saint-Sépulcre, il apporta, sur l'estrade qui est au-devant de la chapelle de l'Ange, la communion à ceux qui devaient la recevoir. Ils la reçurent debout. Comme j'étais un peu éloigné, et qu'il faisait obscur, je ne pus distinguer de quelle dimension était l'espèce qu'il leur donnait.

Après que les Arméniens eurent dit la Messe, les Grecs vinrent à leur tour. Ce fut aussi une Messe chantée. Peut-être y a-t-il quelque différence entre leur Messe et celle des Arméniens, mais je n'en ai pas remarqué. Ils chantent et récitent leurs prières en grec. Les Arméniens ont une voix un peu criarde et les Grecs un ton nasillard.

Pour appeler leurs coreligionnaires à l'office, les Arméniens, et peut-être les Grecs, se servent d'une longue planche en carreau d'environ un centimètre d'épaisseur, suspendue avec deux cordes, laquelle donne différents sons, suivant qu'on la frappe d'un côté ou d'un autre, dans un bout ou dans l'autre ; c'est ce que j'ai vu et entendu de bien près sous le portique de l'église de Saint-Jacques-le-Majeur, laquelle appartient aux Arméniens. Ils ont une planche de cette façon dans l'église du Saint-Sépulcre.

A propos de sonnerie, anciennement les musulmans ne permettaient pas de faire entendre le son des cloches en Palestine, et peut-être dans tout l'Empire. Maintenant ils commencent à s'apprivoiser. Car, lors de notre arrivée à Jérusalem, il y avait dans la cour du couvent de Saint-Sauveur une cloche d'environ 300 kilogrammes que l'on a suspendue, et que j'ai entendue sonner, mais seulement en la tintant. C'est un acheminement : après cela, on la sonnera à toute volée. J'en ai entendu tinter aussi dans toutes les communautés catholiques d'Alexandrie. Ce qui contribue beaucoup au morne silence de la Palestine, c'est cette absence de son des cloches.

Voilà une trop longue digression, mais je reviens à l'objet de mes affections.

La Messe des Grecs étant finie, je devais dire la mienne immédiatement après eux. Si j'avais bien employé mon temps, j'aurais été bien préparé ; car j'avais eu deux heures pour cela. Il en était cinq ; je me rendis à la sacristie des PP. Franciscains pour y prendre les ornements sacerdotaux, et, précédé d'un prêtre pélerin qui devait répondre ma Messe, j'entrai, en me courbant dans le Saint-Lieu, qui n'était éclairé que par les lampes. Des larmes, mais de bien douces larmes, coulent sur mes joues. A l'*Introïbo*, ma voix tremble, mes sanglots se font entendre, au point que mon répondant se croit obligé de me dire : Courage donc, mon cher confrère ! Ranimé par ses paroles, je continue, mais toujours avec de nouvelles émotions.

Après que j'eus offert l'auguste sacrifice, je répondis la Messe au prêtre pèlerin qui me l'avait lui-même servie. Pendant ce temps là je priais, je m'unissais à l'auguste victime qu'il allait offrir. Nos deux Messes finies, je ne manquai pas de revenir faire mon action de grâces dans le Saint-Sépulcre. Je remerciai Jésus-Christ de tant de faveurs, dont je me reconnaissais bien indigne. Je lui demandai une faveur plus grande, celle de le posséder éternellement dans le ciel.

On pourrait regarder comme une exagération ces larmes, ces émotions dont je parle : mais il faudrait avoir le cœur bien dur pour ne pas pleurer, pour ne pas être ému dans ce Saint Lieu, quand on se dit intérieurement : C'est sur cette pierre que le corps mort de Jésus-Christ a été déposé.

Le samedi 13 septembre, je devais aller célébrer la sainte Messe sur le sommet de la montagne des Oliviers, à l'endroit même d'où Jésus-Christ s'éleva au ciel. J'étais bien joyeux d'offrir le divin sacrifice dans cet endroit. Mais comme le trajet est un peu long, et que d'ailleurs la montagne est très-rapide, par compassion pour mon âge on me dit que ce ne serait point aux Oliviers que j'irais dire la Messe, mais dans le Saint-Cénacle. Nouvelle joie ! nouveau bonheur ! Au Saint-Cénacle, me disais-je, là où Jésus-Christ a institué l'auguste sacrement de l'Eucharistie ! Un prêtre peut-il aspirer à un plus grand bonheur !

Monseigneur Valerga, patriarche de Jérusalem, qui est en très-bons rapports avec le Pacha, avait obtenu de lui que les pèlerins français fissent la prière (c'est ainsi que les musulmans appellent la Messe) dans la mosquée de David (c'es ainsi encore qu'ils désignent le Cénacle, parce qu'ils disent que c'est là qu'est le tombeau de David).

Nous partîmes donc de Casa-Nova, deux prêtres pèlerins et moi, accompagnés du drogman du patriarche, pour nous rendre au Saint-Cénacle, situé sur le mont de Sion. Nous avions presque toute la Ville-Sainte à traverser, du nord-ouest au sud. On nous avait recommandé le silence pendant le trajet, pour ne pas éveiller la susceptibilité des musulmans. Nous fûmes fidèles à la consigne. On nous avait aussi recommandé de fermer la porte du Saint-Lieu, lorsque nous y serions entrés. Mais, tout à nos impressions, nous oubliâmes cette circonstance. Cependant rien de fâcheux n'arriva.

Arrivés à la porte du Saint-Lieu, nous y trouvâmes un musulman qui est probablement le gardien de ce monument, qui appartient aux Turcs. Il nous laissa entrer librement. Lorsque je fus entré dans la salle, je me rappelai aussitôt ces paroles de l'Evangile : « Le soir étant venu, Jésus se rendit là avec ses disciples. *Vespere autem facto, venit cum duodecim* (Marc, xiv, 17). » Nous pénétrâmes jusqu'au fond de la salle, pour y dresser notre petit autel. Par déférence pour mon âge, sans doute, les bons pèlerins me firent célébrer la sainte Messe le premier.

Il me faudrait des expressions que je ne puis trouver pour peindre ma joie et mon bonheur. Car enfin, si je n'étais pas à l'endroit même où se trouvait Jésus-Christ lorsqu'il consacra son corps et son sang, du moins je n'en étais qu'à quelques pas. C'était, je puis le dire, quelque chose de bien émotionnant pour moi, surtout lorsque je prononçai sur les espèces sacramentelles ces mêmes paroles de Jésus-Christ : « Ceci est mon corps. *Hoc est corpus meum* (Matth. xxvi, 26). Ceci est mon sang, le sang de la nouvelle alliance, qui sera repandu pour plusieurs, pour la rémission des péchés. *Hic est enim sanguis meus novi testamenti, qui pro multis effundetur in remissionem peccatorum* (Matth., xxvi, 28). »

Un des prêtres me répondit la Messe. Pendant que je faisais

mon action de grâces, il dit sa Messe et l'autre prêtre la lui répondit. Je servis la Messe au troisième prêtre, pendant que le second faisait son action de grâces. Pendant que le troisième la faisait aussi, nous pliâmes notre petit autel. Il est dit dans l'Evangile : « *Et hymno dicto, exierunt in montem Oliveti.* Et ayant dit le cantique d'action de grâces, ils sortirent pour s'en aller sur la montagne des Oliviers (MATTH., XXVI, 30). » Nous, nous retournâmes à notre couvent de Casa-Nova.

Pendant que nous disions nos Messes, le gardien du Cénacle se tenait à quelques pas de la porte, dans l'intérieur, pour nous protéger probablement. Malgré cela, il entra une trentaine de petits bambins musulmans ou arabes, qui faisaient grand bruit (hélas! nos enfants d'Europe en feraient presque autant). Mais le gardien les refoula brusquement, en sorte que nous fûmes tranquilles. Que Dieu éclaire ce pauvre musulman, pour ce service qu'il nous a rendu !

En sortant du Cénacle, je mis dans la main de ce gardien un medjidi, pièce de monnaie turque qui vaut 23 piastres ou 4 fr. 85 cent de notre monnaie. Il parut content. Mais en outre j'ai été obligé, ainsi que les deux autres prêtres, de payer 20 francs au pacha, ce qui fait à peu près 25 francs. Une Messe au Cénacle vaut bien davantage ! je l'aurais payée 50 francs. Comme on le voit, ainsi que par le passé il faut encore une clef d'or pour ouvrir la porte du Cénacle, afin d'avoir la permission d'y dire la sainte Messe.

Depuis longues années les musulmans ne permettaient pas de dire la Messe au Cénacle. Je crois que la guerre de Crimée nous a valu cette liberté.

Le dimanche 14 septembre, jour de l'Exaltation de la sainte Croix, ce fut sur le Calvaire que je célébrai la sainte Messe ; à ce même autel où je l'avais célébrée le lendemain de mon arrivée à Jérusalem. Je fus bien attendri en me voyant, sur le sommet du Golgotha, prêt à offrir le même sacrifice que mon Sauveur avait offert, à quelques pas de l'autel où j'étais. C'était, comme je l'ai déjà dit, tout près de l'endroit où Jésus-Christ fut dépouillé de ses vêtements, étendu sur la croix, donnant aux bourreaux chacun de ses membres pour être cloués sur ce bois de douleur. Oh! qu'il faudrait être insensible pour ne pas mêler quelques larmes à tant de sang que notre bon Sauveur a répandu par les plaies de ses mains et de ses pieds sacrés !

Après ma Messe, j'allai, comme à mon ordinaire, faire mon action de grâces dans le Saint-Sépulcre. C'était toujours là mon lieu de refuge. C'était toujours pour moi un nouveau bonheur de me trouver dans ce Saint-Lieu, où les grâces coulent à flots, ce me semble, sur les cœurs bien disposés. Ce que je demandais le plus souvent à Jésus-Christ, c'était la grâce de devenir un bon prêtre. O mon Sauveur, lui disais-je, faites éclater en moi votre vertu toute-puissante ! Affermissez, confirmez ce que vous avez opéré en moi, au milieu de votre temple, qui est dans Jérusalem. *Manda, Deus, virtuti tuæ; confirma hoc, Deus, quod operatus es in nobis, à templo tuo in Jerusalem* (PSAL. LXVII, 31-32). Purifiez-moi du vieux levain, afin que je sois une pâte toute nouvelle. Vous qui êtes notre pâque et notre agneau pascal, faites par votre grâce que je ne retourne plus au levain de la malice et du péché ; mais que ma vie soit une pâque continuelle, que je la passe dans les azymes de la sincérité et de la vérité. *In azymis sinceritatis et veritatis* (1 Con., v, 7-8).

§ VI.

Visites.

Quoique nous ne fussions pas connus à Jérusalem, et que nous ne connussions personne, nous devions cependant faire quelques visites.

Ainsi, dès le lendemain de notre arrivée, nous sommes allés, tous les pèlerins réunis, faire visite à Mgr Valerga, patriarche latin de Jérusalem. Son palais, qui est un peu au-dessous du couvent de Saint-Sauveur, n'a pas plus d'éclat que la maison d'un bon bourgeois de campagne. Il nous reçut avec tout l'accueil que nous pouvions désirer. Il parle très-bien le français. Dans la conversation il nous dit qu'en 1853 un prêtre âgé de plus de 60 ans faisait partie de la caravane. Alors tous les yeux des pèlerins se tournèrent vers moi, et chacun, me montrant du doigt, dit au patriarche : En voilà un du même âge. Je m'avançai aussitôt vers le patriarche, qui me serra les mains dans les siennes, en me disant : Courage ! monsieur l'abbé ! Vous allez acquérir des forces à Jérusalem, et vous en remportez des vertus !

Le lendemain, c'était à M. de Barère, consul de France à Jérusalem, à qui nous faisions visite. Il est inutile de dire que nous fûmes bien reçus. Notre qualité de compatriotes parlait assez en notre faveur.

Nous avons aussi fait visite au consul d'Autriche. C'est un bon catholique, qui nous reçut avec toutes sortes d'égards, quelques jours après, ces deux Messieurs, c'est-à-dire le consul de France et celui d'Autriche, vinrent nous rendre notre visite, à Casa-Nova.

Il nous restait encore une visite à faire, c'était celle de Kiamil, pacha de Jérusalem. Nous n'avons qu'à nous féliciter de la réception qu'il nous fit. Il s'entretint longtemps avec nous, par l'intermédiaire de notre drogman. Le patriarche de Jérusalem est en très-bons rapports avec lui. S'il y a un bon pacha dans l'empire turc, nous disait-on à Jérusalem, c'est celui de Jérusalem.

§ VII.

Description de Jérusalem d'après mes souvenirs.

Je ne veux point faire ici l'historien, le géographe, et encore moins le géomètre. Je vais seulement mentionner mes souvenirs.

La population actuelle de Jérusalem est de quinze à dix-sept mille habitants. La raison pour laquelle on n'en connaît pas le nombre précis, nous a dit M. de Barère, consul de France à Jérusalem, c'est que l'on ne tient point d'actes de naissances, ni de décès ; et en outre, c'est que, lorsqu'on fait le recensement, les chefs de famille ne déclarent jamais tous les membres qui la composent.

L'ancienne Jérusalem est dans un bassin, environnée de montagnes. Aussi le Prophète-Roi dit dans un de ses cantiques sacrés : « *Montes in circuitu ejus* (Ps. cxxiv, 2). » Ce sont : au nord-est, le prolongement de la montagne des Oliviers ; à l'est, la montagne des Oliviers ; au sud, les montagnes du scandale, du Mauvais-Conseil, de Saint-Philippe ; à l'ouest et au nord, la montagne du Calvaire.

Ce bassin où est située l'ancienne Jérusalem est lui-même élevé par rapport à la profonde vallée du torrent de Cédron, à la vallée de Gihon, à la vallée de Gehenne ; car ce qui reste de l'ancienne Jérusalem est situé sur le mont de Sion, sur le mont Moriah et sur le mont Acra. Quant à la nouvelle Jérusalem, bâtie par l'empereur Adrien, elle est située sur la montagne du Calvaire, au nord-ouest de l'ancienne.

Jérusalem, tant l'ancienne que la nouvelle, est entourée de murailles de tous côtés, excepté dans une partie du sud ; mais elle est bien défendue de ce côté-là par les profondes vallées de Gihon et de Gehenne, et par le mont de Sion. Ce qui faisait dire au Prophète-Roi : « Ceux qui mettent leur confiance dans le Seigneur sont fermes comme la montagne de Sion : de même celui qui demeure dans Jérusalem ne sera pas ébranlé. *Qui confidunt in Domino sicut mons Sion : non commovebitur qui habitat in Jerusalem* (Ps. lxiv, 1). »

La ville de Jérusalem a quatre portes : la porte de Jaffa, au nord-ouest ; la porte de Damas, ainsi appelée probablement parce qu'elle est du côté de Damas, c'est-à dire au nord de Jérusalem, mais elle est nommée dans l'Ecriture la porte des Brebis ; à l'est, la porte appelée par les Orientaux la porte de la Vierge, et par les Européens la porte de Saint-Etienne, parce que c'est par cette porte que l'on fit sortir saint Etienne pour le lapider ; au sud, la porte de Sion. Il y a encore une cinquième porte, appelée dans l'Écriture *porta Speciosa*. Je dirai en son lieu quelque chose de plus sur cette porte. Au sud, et sur l'emplacement de l'ancienne Jébus, on a cru retrouver l'emplacement d'une ancienne porte appelée dans l'Ecriture, *porta Sterquilinii*, la porte des Fumiers ; mais cela est bien douteux.

Tout est digne de remarque à Jérusalem ; mais ce qui m'a le plus intéressé, c'est, sans contredit, la montagne du Calvaire, située au nord-ouest de l'ancienne Jérusalem. C'est, comme on le sait, sur cette montagne que s'est accompli le grand œuvre de notre rédemption. Sur le versant nord-est de cette montagne se trouvent Casa-Nova et Saint-Sauveur, deux couvents des PP. franciscains. Les sœurs de Saint-Joseph, qui font la classe aux petites Arabes, ont là aussi leur établissement. Au pied de la montagne du Calvaire, à l'est, se trouve l'emplacement de la porte Judiciaire ; mais je n'ai remarqué aucuns restes de cette porte. Suivant la tradition, c'était à cette porte que l'on attachait la sentence de celui qui devait être exécuté sur le Calvaire. Comme on conduisait le Sauveur au Calvaire, il est probable qu'on lui lût de nouveau, à cette porte, la sentence qui le condamnait à mort ; car cette sentence avait déjà été lue dans le prétoire, comme l'Evangile le fait entendre. « Pilate ayant fait fouetter Jésus, il le leur livra pour être crucifié. *Et tradidit Jesum, flagellis cœsum, ut crucifigeretur* (MARC, XV, 15). »

En descendant de la porte Judiciaire, vers l'est, on voit les ruines d'un ancien couvent de Templiers. C'est un monument turc, et les Grecs, en ce moment, offrent leur or pour qu'il devienne leur propriété. Un peu plus bas, et toujours dans la même direction, se trouve la porte de Fer. C'est, comme on le sait, la porte de la prison dans laquelle l'apôtre saint Pierre fut enfermé par ordre d'Hérode. *Herodes apposuit ut apprehenderet et Petrum* (Act., xii, 3). Mais il fut délivré par un ange. « Lorsqu'ils eurent passé le premier et le second corps-de-garde, » est-il dit aux Actes des apôtres, ils vinrent à la porte de Fer, par où on va à la ville. *Transeuntes primam et secundam custodiam, venerunt ad portam Ferream, quæ ducit ad civitatem* (Act., xii, 10). » Cette porte, en effet, se trouve peu éloignée du pied de la montagne du Calvaire, par conséquent à l'extrémité *ouest* de l'ancienne Jérusalem.

Du côté du nord, et dans l'ancienne Jérusalem, se trouve la porte de Damas, *porta Ovium*, de l'Écriture. C'est un beau monument d'architecture, mais un peu dégradé. Il y a là, comme à toutes les portes de Jérusalem, des sentinelles en faction. Un peu plus loin, en descendant vers l'*est*, se trouve la maison de Simon-le-Lépreux : elle est presque enfouie dans des décombres. A côté de cette maison, du côté du nord, on voit les ruines d'une église dédiée à l'apôtre saint Pierre. Le mont Acra est situé dans cette partie de la ville.

Non loin de la porte de Saint-Étienne, sont les ruines d'un couvent, attenant à une église dédiée à sainte Anne, mère de la très-sainte Vierge. L'église a trois nefs : dans celle de droite, non loin de l'abside, se trouve un caveau où l'on descend par un escalier de sept ou huit marches, bien dégradées. C'est là, dit-on, qu'est née la très-sainte Vierge. Je suis descendu dans ce caveau obscur, et je n'ai pas manqué d'adresser une prière à la divine Mère.

L'empereur de Turquie vient de concéder cette église à Napoléon III, empereur des Français; et le 8 novembre 1856, on a célébré deux Messes dans ce caveau, jour de la prise de possession de ce sanctuaire, si cher aux fidèles dévoués à Marie.

En remontant un peu vers l'ouest, et toujours dans l'ancienne Jérusalem, on arrive à la piscine probatique, en hébreu *Bethsaïda*. C'est un grand réservoir, entouré de murailles qui ne dépassent pas le sol. Cette piscine peut avoir environ 50 pas de longueur, sur 25 de largeur, et une profondeur d'environ 3 mètres 33 centimètres. Cette piscine devait être alimentée autrefois par les eaux pluviales. A l'époque où je l'ai visitée, elle était à sec. Je pense que les eaux ne s'y rendent plus. Elle paraît abandonnée, car il y a de gros monceaux de vidanges autour des murs, dans l'intérieur.

Comme cette piscine n'est pas éloignée de l'emplacement où était le temple de Salomon, c'est là qu'on lavait les victimes qui devaient être immolées dans le temple. Je n'ai vu, autour de cette piscine, aucun vestige des cinq galeries dont parle l'Evangile, et dans lesquelles étaient couchés un grand nombre de malades, d'aveugles, de boiteux, qui tous attendaient que l'eau fût remuée par l'ange, afin de s'y plonger pour être guéris. *In his jacebat multitudo magna languentium, cæcorum, claudorum, expectantium aquæ motum* (JOAN., v, 3). C'est sur le bord de cette piscine que Jésus-Christ guérit cet homme malade depuis 38 ans (JOAN. v, 8).

De là, en remontant vers l'*ouest*, à cent pas de l'église du Saint-Sépulcre, on rencontre une autre piscine, de petite dimension, que l'on nomme la piscine de *Sainte-Hélène*. Quand je l'ai visitée, elle était sans eau ; mais elle peut se remplir dans le temps des pluies, car elle est en bon état. Cette piscine est située sur le versant oriental de la montagne du Calvaire.

En descendant de là, vers le *sud-est*, dans l'ancienne Jérusalem, on trouve encore une autre piscine, de la même dimension que la piscine probatique dont j'ai parlé plus haut, et que l'on nous dit être la piscine d'*Ézéchiel*. Cette piscine est en bon état. Le jour que je la visitai (5 septembre), il y avait encore environ 66 centimètres d'eau. Le fond de cette piscine m'a paru pavé de belles pierres.

En descendant jusqu'à l'extrémité de la ville, du côté de la montagne des Oliviers, on arrive à la porte de Saint-Etienne. Comme nous étions à l'entrée de Damas, je remarquai que la sentinelle porta les armes, lorsque nous passâmes sous la porte. La même chose se renouvela quand nous passâmes sous celle de Saint-Etienne. Je demandai à notre drogman pour qui cela se faisait? Pour vous, me dit-il. Je pensai que la guerre de Crimée n'était pas étrangère à cet honneur que l'on rendait aux pèlerins français.

De la porte de Saint-Etienne, en remontant environ 300 pas dans la Ville-Sainte, on arrive au palais de Pilate. Pilate avait deux palais, un de chaque côté de la rue. Le palais à gauche est celui où il condamna Jésus-Christ. Dans la muraille qui donne sur la rue, il y a une grande porte cintrée, mais murée. C'est là qu'était l'échelle sainte, *Scala sancta*, que Jésus-Christ monta et descendit plusieurs fois pendant sa Passion. Le palais de Pilate sert maintenant de résidence au pacha de Jérusalem ; c'est en outre une caserne turque. C'est donc dans ce palais que Pilate, contre la justice et contre sa conscience, condamna à mort l'innocent et le juste ; « car, » dit l'Évangile, « il savait bien que c'était par envie que les princes des prêtres et les sénateurs l'avaient livré entre ses mains. *Sciebat enim quod per invidiam tradidissent eum* (Matth., xxvii, 18). »

De l'autre côté de la rue, à droite, on voit l'autre palais de Pilate. La salle de la Flagellation se trouve dans ce palais. La porte de cette salle a la dimension d'une porte ordinaire ; cette pièce appartient aux PP. Franciscains ; elle peut avoir quinze pas de longueur, sur environ dix de largeur. Il y a dedans trois autels : sous le maître-autel se voit le trou où la colonne était placée, et à laquelle on attacha le Sauveur pour le flageller. *Jesum autem flagellatum tradidit eis, ut crucifigeretur* (Matth., xxvii, 26). C'est donc dans cette salle que le corps virginal du Sauveur fut exposé nu à la vue d'une soldatesque effrénée. C'est là qu'il fut battu, déchiré, pour expier ce honteux péché que l'Apôtre défend même de nommer parmi les chrétiens : *Fornicatio, et immunditia, nec nominentur in vobis, sicut decet sanctos* (Eph., v, 3).

A l'extrémité des deux palais de Pilate, en montant la rue vers l'ouest, on rencontre l'arcade de l'*Ecce Homo* ; elle traverse la rue. Elle est élevée d'environ 8 mètres. Cette arcade servait à Pilate pour aller d'un palais à l'autre, comme aussi pour se rendre dans un jardin, lequel espace est demeuré tel. Au-dessus de l'arcade de l'*Ecce Homo*, se trouvent deux petites fenêtres, de la hauteur d'environ 1 mètre, très-rapprochées l'une de l'autre. C'est par l'une d'elles que Pilate montra Jésus au peuple, en disant : « Voilà l'homme dont vous demandez la mort. *Ecce Homo*. (JOAN , XIX, 5). »

En continuant à monter la rue, on trouve, à main droite, un couvent en construction , que l'empereur d'Autriche fait bâtir pour les pèlerins de sa nation qui viennent à Jérusalem.

Le palais d'Anne le grand-prêtre n'est pas éloigné du palais de Pilate. Il a été converti en un couvent de religieuses arméniennes schismatiques. Nous ne sommes point entrés dans ce couvent ; nous nous sommes bornés à cueillir quelques fruits d'un olivier dont les branches tombaient sur la rue. C'est dans ce palais que Jésus-Christ, après avoir été pris dans le jardin des Oliviers, fut conduit pour être examiné par ce pontife des Juifs. *Adduxerunt ad Annam primùm.* (JOAN., XVIII, 13).

Notre drogman ne nous ayant point conduits au palais, ou du moins sur l'emplacement du palais d'Hérode, je ne puis rien en dire. Si l'on s'en rapporte à quelques récits, il paraîtrait qu'il n'était pas éloigné du palais de Pilate.

Du palais d'Anne, en allant du côté du sud, on arrive à l'église de Saint-Jacques-le-Majeur, lequel fut martyrisé par ordre d'Hérode. On conserve dans cette église le chef du saint apôtre. Après avoir prié, je l'ai baisé respectueusement. Cette église appartient aux Arméniens schismatiques.

Tout près de l'église de l'apôtre Saint-Jacques , il y a un beau et vaste couvent de religieux Arméniens schismatiques. Malgré la diversité de rite, nous avons fait visite à leur patriarche, qui nous a très-bien reçus. Après s'être entretenu avec nous par l'intermédiaire de notre drogman, il nous a fait servir par son domestique des confitures, de la limonade et du café ; ce que nous avons accepté. C'est un vieillard à barbe blanche, qui dépasse 60 ans, je pense. Parmi tous les tableaux qui décorent son vaste salon, j'ai remarqué le portrait de Napoléon III, Empereur des Français.

Un peu au-dessous du palais du patriarche arménien, à l'orient, se trouve le quartier des lépreux. J'en ai vu là une certaine quantité, hommes, femmes, qui tous nous suppliaient de leur donner un bakchich (une aumône), ce que nous nous disposions à faire de grand cœur, car ces pauvres lépreux sont dignes de compassion. Mais notre drogman nous fit observer qu'il ne fallait pas les toucher ; parce que, comme on le sait, cette maladie est contagieuse. Pour éviter tout contact, nous lui remîmes notre aumône, et lui-même la leur donna avec les précautions voulues.

Le quartier des Juifs n'est pas éloigné de l'emplacement de l'ancien temple, ni même du mont de Sion.

L'autorité turque permet aux lépreux d'aller demander l'aumône dans la ville pendant le jour ; mais, à la nuit tombante, tous doivent rentrer dans leur quartier.

Avant d'avoir vu des lépreux, j'avais lu beaucoup d'auteurs qui parlent de la lèpre ; mais je ne m'étais fait qu'une bien faible idée de cette horrible maladie. On peut lire là-dessus *les Lettres de quelques Juifs*, par l'abbé Guénée.

Trois mois avant notre arrivée à Jérusalem, un prêtre du Wurtemberg nous y avait précédés pour étudier l'Ecriture sainte sur les lieux. C'est là en effet qu'on peut l'étudier avec exactitude et avec fruit. Il logeait, comme nous, à Casa-Nova. Trois semaines avant notre arrivée, il fut pris des fièvres typhoïdes, et il en mourut la semaine de notre arrivée. Nous tous pèlerins assistâmes à sa sépulture qui fut faite par un P. Franciscain. De Casa-Nova jusque sur le mont de Sion, où est le cimetière des catholiques, nous avions presque toute la Ville-Sainte à traverser, du nord au sud. En allant, nous chantions dans les rues le *Miserere* et le *De Profundis* alternativement, sans que les musulmans parussent étonnés de ce lugubre cortége. Arrivés sur le mont de Sion, nous l'avons déposé dans sa dernière demeure, où il attend le dernier jugement. La fosse, creusée dans une terre sèche, poudreuse, n'avait pas, je crois, un mètre de profondeur.

J'ai cité ce trait, parce qu'en revenant des funérailles, nous avons visité la citadelle de David, si célèbre dans l'Ecriture sainte. *Civitas David.* Cette citadelle est située sur la montagne de Sion, presqu'au milieu de la ville de Jérusalem. La porte principale regarde l'orient. Elle est gardée par plusieurs soldats, qui nous laissèrent passer librement. Je crois qu'une partie de la garnison de Jérusalem est dans cette citadelle. Nous sommes montés sur la terrasse, d'où l'on découvre les montagnes et le pays d'alentour. Pour moi, ce qui me frappait davantage, c'était la montagne des Oliviers, qui n'est pas loin, et dont, par conséquent, je pouvais voir toutes les parties.

Je ne suis point surpris que David ait promis une récompense à celui qui chasserait les Jébuséens de cette citadelle; car c'est une forteresse située avantageusement. *Proposuerat David in die illa præmium, qui percussisset Jebusæum.* (II REG., v, 8). Je ne suis point surpris encore que les rois de Syrie, tenant garnison dans cette forteresse, aient tenu si longtemps les Juifs sous leur domination.

C'est donc là que David faisait sa demeure, c'était son palais. *Habitavit autem David in arce, et vocavit eam Civitas David* (II REG., v, 9). C'est là encore que David fit placer l'Arche d'alliance, après l'avoir amenée de la maison d'Obédédom. *Abiit ergo David, et adduxit arcam de domo Obededom in civitatem David* (II REG., vi, 12).

Pendant que je me promenais sur la terrasse de la citadelle, une pensée bien triste se présenta à mon esprit, je me disais : C'est donc de dessus cette terrasse que David, se promenant aussi, aperçut Bethsabée, dont la vue fut l'occasion de deux crimes qui attirèrent sur sa maison tant de maux et qui lui firent verser tant de larmes (II REG., xi, 2).

J'ai passé plusieurs fois auprès de la citadelle de David. Un vendredi j'aperçus le croissant, c'est-à-dire le drapeau turc, qui flottait sur une des tours, ce qui n'avait pas lieu les autres jours. J'en demandai la raison à notre drogman ; il me dit que c'était le grand jour de la prière des musulmans (leur dimanche), et que tous les vendredis le drapeau était ainsi arboré.

Un jour que nous nous promenions dans la ville, nous nous trouvâmes à la principale porte de la place, où est la mosquée d'Omar. Là, il y avait des nègres du Darbon, qui sont les gardiens-nés de ce temple. Mais, trop curieux et sans expérience, je m'approchai de la porte pour mieux voir la mosquée et la place. Notre drogman, sachant le danger que je courais si j'avais l'imprudence de m'en approcher trop près, me prit aussitôt par le bras, en me disant : « Monsieur l'abbé, il y a peine de mort pour quiconque a la témérité de passer le seuil de cette porte sans une autorisation du pacha ! » Je me retirai tout tremblant en pensant au péril auquel je pouvais m'exposer.

La mosquée d'Omar a été bâtie, comme on le sait, dans le VIIe siècle, par Omar lui-même, calife et successeur de Mahomet, sur l'emplacement du temple de Salomon. Je ne puis rien dire de l'intérieur de cette mosquée, puisque je ne l'ai pas visitée. Je l'aurais pu en payant un tribut d'une centaine de piastres (environ 25 fr.) ; et de plus il m'eût fallu, pour entrer dans la mosquée, un accoutrement qui me serait revenu à près de 40 fr. : j'ai reculé devant cette dépense. D'ailleurs, en faisant le pèlerinage de Jérusalem, mon but principal était de prier au Saint-Sépulcre de Notre-Seigneur Jésus-Christ, je pouvais donc fort bien me passer de visiter la mosquée de l'imposteur Mahomet.

Au reste, si je n'ai pas vu l'intérieur de la mosquée, j'en ai parfaitement vu l'extérieur. Du haut de la montagne des Oliviers, la vue plonge dans le vaste emplacement qu'occupait le temple de Salomon. La mosquée est au milieu de l'enceinte ; la porte principale est au couchant. L'abside, qui est surmontée d'un élégant minaret, est à l'orient, par conséquent vers la montagne des Oliviers. On voit çà et là, sur la place de la mosquée, des oliviers, des orangers, etc., ce qui donne une ombre bien agréable dans ces pays chauds.

On sait que le temple de Salomon avait été construit sur le mont Moriah. Mais pour donner à la montagne une surface en rapport avec les proportions que devait avoir le temple, il fallut niveler le sommet de la montagne, et par conséquent déplacer beaucoup de terre. J'ai même cru remarquer que tout l'espace qui se trouve entre les murs de la ville et le torrent de Cédron sont des terres rapportées. C'est un sol mouvant, où il n'y a pas de rochers comme sur les montagnes voisines.

C'est sur le mont Moriah qu'Abraham offrit en holocauste son fils Isaac : « Allez, » dit Dieu à ce Patriarche, « en la terre de Vision, et là vous me l'offrirez en holocauste, sur une des montagnes que je vous montrerai (Gen., xxii, 2). » Relativement au temple, voici ce qu'on lit au livre des Paralipomènes : « Salomon commença donc à bâtir le temple du Seigneur à Jérusalem, sur la montagne de Moriah, qui avait été montrée à David son père, et au lieu même que David avait disposé dans l'aire d'Ornan, Jébuséen (II Paral., iii, 1). » Autrefois on offrait des victimes agréables à Dieu dans ce temple. Maintenant qu'il est remplacé par la mosquée d'Omar, ce sont des prières que l'on adresse à un imposteur.

Depuis mon retour de Jérusalem, on m'a souvent demandé si les monuments que l'on voit à Jérusalem et dans la Judée, tels que le Cénacle, le palais de Pilate, la maison de Caïphe, la porte de Fer, l'aqueduc de Pilate, le château de Marthe à Béthanie, etc., sont les mêmes constructions que du temps de Jésus-Christ et avant Jésus-Christ ; je n'oserais l'affirmer. Parmi ces monuments, les uns existent en entier, d'autres n'ont que quelques pans de murailles : ce qui donnerait à ces derniers, au moins, une haute antiquité.

Des pèlerins qui ont visité les caveaux qui sont sous le harem (la mosquée d'Omar) et les environs, y ont vu des arcades très-antiques. Les pierres qui forment ces arcades, disent-ils, et qui sont parfaitement jointes, paraissent appartenir bien évidemment à l'appareil salomonien. Mandrel, Ricardon, MM. Bononi et Cater-Wood ont entendu dire que d'innombrables piliers, semblables à ceux de Birk-el-Saliman, formaient sous le sol du harem d'immenses galeries et de vastes citernes. Les musulmans les mieux informés confirment cette assertion. Il est donc à croire qu'il y a là quelques restes considérables des travaux gigantesques exécutés par les architectes de Salomon pour niveler le sommet du Moriah.

De la mosquée d'Omar, en se dirigeant vers le sud-ouest, on arrive au palais de Caïphe, grand-prêtre. Ce palais est maintenant un couvent grec. L'église, qui est en fort bon état, forme presque un carré. Les murailles sont pavoisées de tableaux représentant les saints docteurs et d'autres saints des premiers siècles. Le maître-autel, qui est à la romaine, est enveloppé d'un grand rideau rouge, en sorte que l'on ne peut rien voir; mais le sacristain a ouvert complaisamment le rideau, pour nous montrer l'autel. Je pense que le principal autel dans les églises grecques est toujours à la romaine : c'est du moins ce que j'ai vu à Alexandrie en Egypte, à Jaffa, à Sainte-Croix dans les montagnes de la Judée, à Bersabée en Juda, dans l'église du Saint-Sépulcre à Jérusalem.

A main droite, dans l'église du palais de Caïphe, dont je parlais tout-à-l'heure, on voit un caveau dans la muraille, c'est la prison dans laquelle on enferma Jésus-Christ le reste de la nuit, après que Caïphe et son conseil l'eurent interrogé. Je suis entré, mais difficilement, dans cette prison, car elle est basse et fort étroite. On ne peut s'y tenir que courbé. J'ai baisé avec respect le pavé sur lequel le corps du Sauveur resta pendant quelques heures dans la posture la plus gênante, étant déjà exténué de fatigues.

La pierre qui forme la table du maître-autel, *mensa altaris*, est la même qui fermait l'entrée du Sépulcre, après que le corps du Sauveur y eut été déposé. « Joseph d'Arimathie ayant ayant reçu le corps de Jésus, » dit l'évangéliste, « l'enveloppa dans un linceul blanc, et le mit dans le sépulcre neuf ; et après avoir roulé une grande pierre jusqu'à l'entrée du sépulcre, il se retira (MATTH., XXVII, 59-60). »

Cette pierre m'a paru de silex blanc, semé de petites veines noires. Elle a au moins 2 mètres 33 centimètres de longueur, 19 centimètres d'épaisseur, sur un mètre environ de largeur. C'est donc avec raison que les saintes femmes « se disaient l'une à l'autre : Qui nous ôtera la pierre de devant l'entrée du sépulcre ? *Et dicebant ad invicem : Quis revolvet nobis lapidem ab ostio monumenti ?* (MARC., XVI, 3) ; car elle était fort grande, » dit le même évangéliste. « *Erat quippe magnus valde* (MARC., XVI, 4).

Le palais de Caïphe, qui est situé sur le mont de Sion, n'est éloigné que de quelques centaines de pas du saint Cénacle, qui est aussi sur le mont de Sion. Dans le mur d'enceinte de ce saint lieu, au couchant, on voit un pan de mur de la hauteur de 1 mètre 33 centimètres, que l'on dit être le reste d'une maison où se retirait la sainte Vierge. J'ai cueilli une petite fleur sur ce mur, que je conserve comme un bon souvenir de la divine Mère.

Le Cénacle est environné de maisons, excepté du côté du midi, où est une grande cour. Pour y monter, il y a un escalier de huit ou dix marches. La salle peut avoir de vingt-cinq à trente pas en carré. La voûte est soutenue par quatre colonnes en pierres. Trois croisées dans le style ogive éclairent ce saint lieu, elles sont au midi. Les murailles, qui sont en très-bon état pour la solidité, n'ont pour ornement que la poussière ; le pavé en a encore une couche plus épaisse. Cette situation est bien capable de faire couler les larmes et de tirer des soupirs d'un cœur chrétien, surtout quand ou pense que c'est dans cette salle que Jésus-Christ fit la dernière cène avec ses disciples, et qu'il institua l'auguste sacrement de l'Eucharistie. « Le soir étant venu, « dit l'Évangéliste, » Jésus se mit à table avec ses disciples. *Vespere autem facto, discumbebat cum duodecim discipulis* (MATTH., XXVI, 20). Et pendant qu'ils soupaient, Jésus prit du pain, et l'ayant béni, il le rompit, et le leur donna, en disant : Prenez, ceci est mon corps. *Hoc est corpus meum*. (MATTH., XXVI, 26.) »

A gauche, en entrant dans le Cénacle, et à deux pas de la porte, il y a un escalier en pierre par lequel on descend dans un caveau où se trouve, nous a-t-on dit, le tombeau de David. Nous aurions bien désiré visiter le tombeau du saint Roi, mais notre drogman nous dit qu'il y avait peine de mort pour quiconque aurait la témérité d'y descendre sans une autorisation spéciale. Voilà jusqu'où va le fanatisme musulman.

§ VIII.

Chemin de la Croix dans la Ville-Sainte.

Ce que l'on appelle le chemin de la Croix dans nos contrées se nomme la *Voie Douloureuse*, à Jérusalem. C'est le chemin que Jésus-Christ a parcouru, chargé de sa croix, depuis le palais de Pilate jusqu'au sommet du Golgotha.

Pendant notre séjour à Jérusalem, nous tous pèlerins avons fait un jour, solennellement, on peut le dire, le chemin de la croix. Un P. Franciscain présidait le pieux exercice ; à chaque station il nous faisait une courte instruction, analogue au mystère qu'elle désignait. Notre cortége formait une petite procession. Pendant tout le trajet nous n'avons rien éprouvé de désagréable, j'ai même remarqué qu'en certains endroits les musulmans se rangeaient pour nous laisser le passage libre.

Je vais donc dire un mot sur chacune des quatorze stations de la Voie Douloureuse, et indiquer comment elles sont désignées dans la Ville-Sainte.

Ire STATION.

Ce fut, comme on le sait, dans le palais de Pilate que Jésus-Christ fut condamné à mort, c'est aussi la première station ;

mais on fait cette station dans la rue, parce que la porte de la *Scala sancta* est murée, comme je l'ai dit plus haut.

IIe STATION.

Ce fut sans aucun doute dans la rue, et tout près de la *Scala sancta*, que Jésus-Christ fut chargé de sa croix. C'est là aussi que l'on fait la deuxième station.

IIIe STATION.

On monte la rue par une pente douce jusqu'à l'arcade de l'*Ecce Homo*, sous laquelle on passe ; de là, on descend par une pente également douce ; ensuite on détourne brusquement à main gauche ; à l'encoignure du mur se trouvent couchés par terre, et bout à bout, deux tronçons de colonnes en marbre rougeâtre, de la longueur chacun de 82 centimètres ; c'est la première chute de Jésus-Christ, et la troisième station.

Je regrette bien de ne pouvoir dire le nombre de pas qu'il y a d'une station à l'autre, mais mon esprit était si occupé d'un autre sujet, que je n'y ai nullement pensé. Du palais de Pilate jusque sur le haut du Golgotha, il peut y avoir un demi-kilomètre.

IVe STATION.

On suit la rue que l'on a prise à gauche. A quinze pas environ de la troisième station, se trouve, à main gauche, une petite rue qui aboutit à celle où l'on est ; la sainte Vierge, désespérant de pouvoir percer la foule pour arriver à son divin fils, descendit par cette petite rue. De cette manière, elle se trouva en présence du Sauveur, lorsqu'il passait. C'est la quatrième station. Si l'on faisait environ quarante pas, en continuant, on arriverait droit à la maison du mauvais Riche dont parle l'Évangile (Luc, XVI).

Ve STATION.

A partir de la quatrième station, on suit la rue en faisant environ quinze pas ; ensuite on détourne brusquement à

main droite; l'encoignure de la maison à droite désigne le lieu
où l'on obligea Simon le Cyrénéen à aider Jésus-Christ à porter sa croix (Matth., xxvii, 32). C'est la cinquième station.
Ici le terrain est bas, je crois que dans les temps de pluie il y a
un courant d'eau : aussi quelques auteurs disent-ils que le
Sauveur tomba dans la boue.

VIe STATION.

En suivant cette rue que l'on a prise à main droite, on
commence à monter, c'est la pente du Golgotha qui se fait
sentir. Après avoir fait environ deux cents pas (je dis toujours
environ, car je ne puis dire le nombre précis), on voit à main
gauche une porte de dimension ordinaire, c'est par cette porte
que sortit Véronique pour essuyer la face du Sauveur qui passait. C'est la sixième station.

VIIe STATION.

A peu distance de la sixième station, à main droite, se
trouve une petite rue qui aboutit à la Voie Douloureuse ;
c'est la deuxième chute de Jésus-Christ, et la septième station.
Rien, excepté la rue, ne désigne cette station.

VIIIe STATION.

A une courte distance de la septième station, et à main
droite , se trouve encore une petite rue qui aboutit à la
Voie Douloureuse. Comme la multitude allait toujours en gros-
sissant à mesure que l'on approchait du Calvaire, la rue qui
n'est pas la large, se trouva remplie. Les saintes femmes de
Jérusalem, désirant voir le Sauveur et désespérant de pouvoir percer la foule, vinrent par cette petite rue transversale
pour l'attendre à son passage. L'état où ses ennemis l'ont
réduit leur tire des larmes des yeux et des sanglots du
cœur ; mais le Sauveur leur fait entendre que ce n'est pas sur
lui qu'elles doivent pleurer, mais plutôt sur elles-mêmes et sur

leurs enfants (Luc., xxiii, 28). C'est la huitième station. Elle n'est désignée que par la rue.

IXe STATION.

Ici la pente du Calvaire est très-rapide, parce que l'on est près de son sommet. Comme on a bâti des maisons sur la montagne, la Voie Douloureuse se trouve interceptée pour un instant; on tourne à gauche, par une petite ruelle tortueuse, et l'on arrive à une espèce d'impasse. Ce trajet n'est pas de plus de soixante pas, je crois. C'est là que l'on retrouve la Voie Douloureuse, et la neuvième station, laquelle est désignée par un tronçon de colonne en marbre rougeâtre et couché par terre.

De là on est encore obligé, à cause des maisons, de quitter la Voie Douloureuse. On monte jusqu'à la piscine de Sainte-Hélène; après quoi on descend un peu, et l'on arrive, après environ cent cinquante pas, dans l'église du Saint-Sépulcre, où se trouve le reste des stations du chemin de la croix.

Xe STATION.

La dixième station, qui est le Dépouillement des habits du Sauveur, est sur le sommet du Golgotha.

XIe STATION.

La onzième station, qui nous remet sous les yeux Jésus-Christ cloué sur la croix, est aussi sur le Golgotha.

XIIe STATION.

La douzième station, qui est le Crucifiement, est également sur le Golgotha.

XIIIe. STATION.

La treizième station, qui est la pierre de l'Onction, est à l'entrée de l'église du Saint-Sépulcre.

XIVᵉ STATION.

Enfin, la quatorzième station, qui est le Saint-Sépulcre, se trouve au milieu de l'église.

Comme j'ai parlé de ces cinq dernières stations en faisant la description de l'église du Saint-Sépulcre, je ne reviendrai pas sur ce sujet.

———

Avant de parler des dehors de la Ville-Sainte, il me reste deux mots à dire sur une des portes.

La porte Dorée, *porta Aurea*, qui regarde la montagne des Oliviers, et par conséquent l'orient, se trouve dans le mur d'enceinte de la mosquée d'Omar, qui est le mur de la ville.

C'est par cette porte que Notre-Seigneur Jésus-Christ fit son entrée dans la Ville-Sainte, six jours avant sa Passion. Rien de plus aisé à croire, surtout quand on est sur les lieux. Jésus-Christ venait de Béthanie ; et, d'après le texte de l'Évangile, il descendit la pente de la montagne des Oliviers qui regarde Jérusalem. *Et cum appropinquaret jam ad descensum montis Oliveti* (Luc., xix, 37). Sans détourner ni à droite ni à gauche, il aura traversé le torrent de Cédron, sur un pont qui n'existe plus, et sera entré directement dans la Ville-Sainte, et ensuite dans le temple.

Cette porte Dorée est très-ancienne, M. de Saulcy en fait remonter la construction au temps d'Hérode. Les musulmans la tiennent soigneusement murée ; parce que, suivant une tradition très-accréditée parmi eux, si les chrétiens pouvaient en franchir le seuil, ils se rendraient immédiatement maîtres de la ville.

Un P. Franciscain, qui nous accompagnait dans notre excursion, nous disait : « Avant que cette porte fût murée, les PP. Franciscains allaient tous les ans, le dimanche des

Rameaux, sur le sommet de la montagne des Oliviers. Ensuite ils descendaient processionnellement la montagne et entraient dans la Ville-Sainte par cette porte, pour imiter l'entrée triomphante de Jésus-Christ. En murant cette porte, les musulmans ont encore voulu priver les bons Pères de cette consolation. »

§ IX.

Dehors de Jérusalem.

A partir du nord-est, jusqu'au nord-ouest, les montagnes qui avoisinent la Ville-Sainte ne sont pas bien escarpées.

Quand on sort de Jérusalem par la porte de Damas, à quelques centaines de pas sur le chemin de Naplouse, on trouve à gauche, au fond d'un ravin rempli d'oliviers, l'entrée d'une grotte obscure ; c'est là, nous a-t-on dit, que sont les tombeaux des rois de Juda.

Un peu plus au nord, et à deux cents pas environ de la porte de Damas, on voit la grotte de Jérémie ; elle est spacieuse ; l'entrée, qui regarde le sud, est large. C'est dans cette grotte, suivant la tradition, que Jérémie composa ce poëme intitulé en grec *Thréne*, et en latin *Lamentations*, lorsque Jérusalem eut été saccagée par les Chaldéens. *Et factum est postquam in captivitatem redactus est Israel, et Jerusalem deserta est, sedit Jeremias propheta (Thren., i).*

De la grotte de Jérémie à la porte de Jaffa, qui se trouve à l'ouest, rien ne m'a paru remarquable.

Tout près de la porte de Jaffa, commence la profonde vallée de Gehenne. A peu de distance de la porte de Jaffa dans la vallée de Gehenne, on voit les ruines de la piscine supérieure, sur le bord de laquelle le prophète Isaïe annonça à Achaz l'incarnation du Verbe (Isaïe, vii, 14). Le pied de la montagne du Calvaire descend jusqu'au fond de la vallée, et forme comme une espèce de promontoire. La vallée de Gehenne se prolonge en contournant la ville jusqu'à la montagne de

Sion. Des oliviers sont plantés çà et là dans cette vallée, surtout dans la partie qui avoisine la montagne du Calvaire. Voici ce qu'on lit dans Jérémie, relativement à la vallée de Gehenne : « Ils ont bâti des autels sur les hauts lieux de Topheth, qui est dans la vallée du fils d'Ennon, pour y consumer dans le feu leurs fils et leurs filles ; qui est une chose que je ne leur ai point ordonnée, et qui ne m'est jamais venue dans l'esprit. C'est pourquoi le temps va venir, dit le Seigneur, qu'on n'appellera plus ce lieu Topheth, ni la vallée du fils d'Ennon, mais la vallée du Carnage (JEREM., VII, 31-32). »

Il est encore dit dans Jérémie (ch. XIX, 5), que « les Juifs avaient bâti un temple à Baal dans cette vallée, pour y brûler leurs enfants en l'honneur de cette idole. » C'est ce que fit le roi Manassès en faisant passer son fils par le feu. *Traduxit filium suum per ignem* (IV REG., XXI, 6).

C'est sans doute pour faire allusion à cette barbare coutume, que Jésus-Christ dit dans l'Évangile : « Quiconque dira à son frère : Fou, sera condamné au feu de Gehenne (MATTH., V, 22). »

Entre cette vallée et les murs de la ville, il y a un grand espace de terre, large d'environ cent pas, et même plus dans certains endroits ; quand on arrive sur la montagne de Sion, il devient encore beaucoup plus grand. Et, pour le dire en passant, c'est sur ce terrain qu'était, dit-on, située l'ancienne Jébus. Ce terrain sert maintenant de cimetière aux différents cultes. Tout près des murs de la ville, est le cimetière des catholiques et des Arméniens. Presque toutes les fosses sont recouvertes d'une pierre blanche sur laquelle on voit des inscriptions, en latin pour les catholiques, et en arménien pour les Arméniens. Ces pierres tumulaires ne dépassent pas le sol de plus de cinq centimètres. Les deux cimetières sont séparés par un mur à fleur de terre. Plus loin, vers le sud, et tout près du Cénacle, se trouve le cimetière des Grecs. Les tombes, à l'exception des inscriptions, sont absolument les mêmes que celles des Latins et des Arméniens. Je n'ai pas vu de croix sur ces tombes. La susceptibilité musulmane ne le permettrait peut-être pas.

De l'autre côté de la vallée de Gehenne, au sud, il y a une montagne que l'on nomme la montagne de Saint-Philippe : je ne sais si l'on veut parler de saint Philippe apôtre ou de saint Philippe diacre, peu importe; mais ce qu'il y a de vrai, c'est qu'il n'y existe aucune habitation, aucun olivier, aucun arbuste.

Ici finit la vallée de Gehenne, pour prendre le nom de vallée de Gihon. C'est toujours la même vallée qui continue jusqu'au torrent de Cédron, et même au delà, vers l'orient.

Entre la vallée de Gihon et les murs de la ville, il y a encore un grand espace de terrain. C'est là, dit-on, qu'étaient les jardins du roi ; c'est le prolongement de la montagne de Sion. A l'exception de quelques oliviers sur le versant sud-est de la montagne, le sol est absolument nu. Sur le point de la montagne qui m'a paru le plus élevé, se trouve une caverne dont l'entrée regarde la montagne des Oliviers. C'est dans cette caverne, dit-on, que saint Pierre se retira pour pleurer, après avoir renié son bon Maître. *Et egressus foras, flevit amarè* (MATTH., XXV, 75). C'est donc là que le saint apôtre commença une pénitence qui dura autant que sa vie. Je suis entré dans cette caverne, j'y ai prié en union avec lui. De cette caverne à la maison de Caïphe, où saint Pierre renia son bon Maître, il y a à peine un demi-kilomètre.

Sur le penchant de la montagne de Sion, mais à une élévation de plus de vingt mètres, on voit deux petites fontaines très-rapprochées l'une de l'autre, et d'une profondeur d'environ deux mètres, où je crois qu'il y a de l'eau vive. Dans le moment que je me trouvais là, des enfants arabes puisaient de l'eau avec des outres.

Un peu au-dessous de ces fontaines, au sud-est, se trouve un olivier. C'est dans cet endroit, nous a dit notre drogman, que le prophète Isaïe fut scié avec une scie de bois, afin de prolonger son supplice et de le rendre plus douloureux ; c'est peut-être à ce supplice du prophète que saint Paul fait allusion dans son Épître aux Hébreux. « Ils ont été sciés. *Secti sunt* (Hebr., ii, 37). » Le Talmud, saint Justin martyr, saint Jérôme et beaucoup d'autres auteurs sont de cette opinion, fondée sans doute sur ces paroles du IVᵉ livre des Rois : « Manassès répandit des ruisseaux de sang, jusqu'à remplir toute la ville de Jérusalem : *Sanguinem innoxium fudit Manasses multum nimis, donec impleret Jerusalem usque ad os* (IV Reg., xxi, 16). »

A vingt pas au-dessous du lieu du martyre d'Isaïe, se trouve un olivier auquel, suivant la tradition, Judas se pendit. « Alors, dit l'Évangéliste, Judas ayant jeté dans le temple les trente pièces d'argent, prix de sa trahison, se retira et alla se pendre de désespoir. *Et projectis argenteis in templo, recessit, et abiens laqueo se suspendit* (Matth., xxvii, 5). » Je doute que ce soit à ce même olivier ; car il ne m'a pas paru très-ancien ; quant au lieu, c'est autre chose : il aura cherché un lieu solitaire, comme l'est celui-ci.

Au bas de la montagne de Sion, au sud-est, se trouve la vallée de Gihon. C'est dans cette vallée que Salomon fut sacré roi. Voici ce qu'on lit dans le IVᵉ livre des Rois. « Le roi David dit : Faites-moi venir le grand prêtre Sadoc, le prophète Nathan, et Bananias, fils de Joïada. Lorsqu'ils se furent présentés devant le roi, il leur dit : Prenez avec vous les serviteurs de votre maître, faites monter sur une mule mon fils Salomon, menez-le à la fontaine de Gihon (III Reg., i, 32-33). » Cette fontaine de Gihon est, sans aucun doute, la fontaine ou piscine de Siloë ; car je n'en ai pas vu d'autres en cet endroit.

De l'autre côté de la vallée de Gihon, au sud de Jérusalem, s'élève la montagne du Mauvais-Conseil, c'est ainsi qu'on la nomme encore aujourd'hui à Jérusalem ; parce que l'on croit que c'est sur cette montagne que se réunirent les princes des prêtres et tout le Conseil des Juifs, pour délibérer sur la mort de Jésus-Christ. « Les princes des prêtres, avec les scribes,» dit l'Évangéliste, «cherchaient le moyen de se saisir de Jésus et de le faire mourir (MARC., XIII, 1). » Sans doute, l'Évangéliste ne dit pas que ce fut sur la montagne dont je parle qu'ils se réunirent ; mais n'ayant pas d'autres preuves, on peut s'en rapporter à la tradition constante de Jérusalem. Au temps de Jésus-Christ, il y avait donc des habitations sur cette montagne ; aujourd'hui il n'en reste aucun vestige, je n'y ai même pas vu le plus petit arbuste.

Sur le versant de cette montagne et un peu dans la vallée de Gihon, se trouve Haceldama, ou le *champ du Sang*, qui fut acheté avec les trente pièces d'argent, prix de la trahison de Judas. « Ils achetèrent, » dit l'Évangéliste, « le champ d'un potier, pour la sépulture des étrangers. C'est pourquoi ce champ est appelé aujourd'hui *Haceldama*, c'est-à-dire le champ du Sang (MATTH., XXVII, 7-8).» Ce champ peut contenir environ vingt ares. Il est bien planté d'oliviers.

Si du champ du Sang on se dirige le long de la vallée de Gihon, vers l'orient, on arrive à la piscine de Siloë, si célèbre, dans l'Évangile, à cause de la guérison miraculeuse de l'aveugle-né. C'est à cette piscine que Jésus-Christ l'envoya pour se laver, après lui avoir mis de la boue sur les yeux. « Allez,» lui dit le Sauveur, « à la piscine de Siloë. *Vade, lava in natatoria Siloe* (JOAN., IX, 7). »

Cette fontaine est quelquefois sans eau, d'autres fois il y en a en abondance. Elle surgit avec un grand bruit à travers les rochers. Il y avait encore un peu d'eau lorsque je l'ai visitée.

Suivant Esdras, les jardins du roi aboutissaient à la fontaine de Siloë. Voici ses paroles : « Sellum, fils de Cholhoza, capitaine du quartier de Maspha, bâtit la porte de la fontaine et les murailles de la piscine de Siloë, le long des jardins du roi (IIe liv. Esd., III, 15). » Par conséquent, les jardins du roi se trouvaient sur le versant est et sud-est de la montagne de Sion.

Tout à côté de la montagne du Mauvais-Conseil, et toujours au delà de la vallée de Gihon, se dresse la montagne du Scandale, au sud-est. Elle est, comme celle du Mauvais-

Conseil, dépourvue de toutes sortes d'arbustes. Ces deux montagnes ne sont ni escarpées, ni fort hautes. L'une d'elles est appelée la montagne du Scandale, parce que c'est sur son sommet que Salomon fit bâtir des temples aux dieux des femmes étrangères qu'il avait épousées : à Chamos, idole des Moabites, et à Moloch, idole des enfants d'Ammon (III REG., XI, 7). Il en agit de même pour toutes ses femmes étrangères, qui brûlaient de l'encens et sacrifiaient à leurs dieux, dans les temples qu'il leur avait fait bâtir (*Id.*, VIII).

Tout près de la piscine de Siloë, se trouve le village du même nom, au pied ouest de la montagne des Oliviers, et par conséquent sur le bord du torrent de Cédron.

De la piscine de Siloë, en remontant l'espace qu'occupaient anciennement les jardins du roi, et se dirigeant vers le nord, on arrive au cimetière des musulmans, qui touche les murs de la ville, à l'est. Il est donc situé sur le versant est du mont Moriah. Les murs de la ville, de ce côté-là, ont été bâtis, on ne peut guère en douter, non pas entièrement, mais à la hauteur d'environ 3 mètres 33 centimètres, avec les pierres qui avaient servi à la construction du temple de Salomon, dont l'emplacement avoisine les murs.

On sait que Julien l'Apostat, pour donner un démenti à la prédiction de Jésus-Christ, entreprit de rebâtir le temple qui avait été brûlé par les Romains. Pour ne pas édifier sur des fondements endommagés, il en fit arracher jusqu'à la dernière pierre, et par là il vérifia lui-même la prophétie du Sauveur. Mais quand il voulut rebâtir, il en fut empêché par une force divine. En arrachant les fondations, on aura mis les pierres de côté; et plus tard, on s'en sera servi pour construire les murs de la ville, tels qu'on les voit aujourd'hui. Grand nombre de ces pierres sont d'une dimension extraordinaire. Nous en avons mesuré une entre autres qui a 7 mètres de longueur sur 50 centimètres de hauteur.

Si ces pierres n'appartenaient pas au premier temple, bâti par Salomon, du moins elles appartenaient au second, construit par Esdras ; car ces pierres ne sont ni taillées, ni polies, mais à peu près telles qu'on les a tirées des carrières, ce qui est conforme au texte de l'Écriture, que voici : « Nous avons cru, dit Thathanaï, chef des provinces d'au-delà de l'Euphrate, devoir donner avis au roi (Darius) que nous sommes allés en la province de Judée, à la maison du grand Dieu, qui se bâtit de pierres non polies, d'une grandeur et d'une beauté extraordinaires. *Notum sit regi, isse nos ad Judæam provinciam, ad domum Dei magni, quæ ædificatur lapide impolito* (I ESD., v, 8). » Aussi, lorsque le Sauveur sortait du temple, un de ses disciples lui dit : « Maître, voyez quelles pierres et quels bâtiments ! *Magister, aspice quales lapides, et quales structuræ* (MARC., XIII, 1). »

Je n'ai rien vu de remarquable dans le cimetière des musulmans ; pas un seul monument sur les tombes : quelques-unes sont recouvertes d'une pierre brute qui ne dépasse pas le sol.

A quelques centaines de pas du cimetière des musulmans, en continuant notre route vers le nord, nous trouvons, sur le penchant est du mont Moriah, le rocher sur lequel saint Étienne fut lapidé. Ce rocher, posé sur un versant rapide, n'est qu'à quelques centaines de pas de la porte de la ville qui porte aujourd'hui le nom du saint martyr. « L'ayant entraîné hors de la ville, ils le lapidèrent, » est-il dit aux Actes des Apôtres. « *Ejicientes eum extra civitatem, lapidabant* (ACT., VII, 57). Ce rocher est près du torrent de Cédron.

Le torrent de Cédron commence son cours dans les ravins au nord de la ville de Jérusalem, et, je crois, à peu de distance ; arrivé en face de Jérusalem, il coule entre le mont Moriah et la montagne des Oliviers. Lorsqu'il passe auprès du village de Siloë, il tourne à gauche et toujours au pied de cette montagne ; et de là il s'en va, à travers des ravins, se perdre dans la mer Morte. A l'endroit du pont sur lequel on le traverse, il peut avoir environ quinze pas de largeur ; mais en descendant du côté du village de Siloë, il va toujours en s'élargissant.

Dans l'excursion que nous avait faite au torrent de Cédron et dans les environs, je ne me rappelle pas qu'on nous ait parlé de la vallée de Josaphat. Je pense que cette vallée occupe le petit espace qui se trouve entre le torrent de Cédron et la montagne des Oliviers. Certains auteurs pensent que cette vallée tire son nom du roi Josaphat, parce que ce prince y fit construire un arc de triomphe, après la victoire qu'il remporta sur les Ammonites et sur les Iduméens ; ou bien encore, parce qu'il y fit construire un mausolée pour y être enseveli. Et pourtant nous lisons dans le IVe livre des Rois : « Josaphat s'endormit avec ses pères, et il fut enseveli avec eux dans la ville de David. *Dormivitque Josaphat cum patribus suis et sepultus est cum eis in civitate David patris sui* (III REG., XXII, 51) » ; mais ses ossements peuvent y avoir été portés dans la suite.

Quelques interprètes pensent que c'est dans cette vallée que se fera le jugement dernier ; ils se fondent, sans doute, sur ces deux passages de Joël : « Je rassemblerai tous les peuples, et je les amènerai dans la vallée de Josaphat, où j'entrerai en jugement avec eux..... Que les peuples viennent se rendre à la vallée de Josaphat, j'y paraîtrai assis pour juger tous les peuples, qui y viendront de toutes parts (JOEL, III, 2-12). »

On voit encore aujourd'hui sur le bord du torrent de Cédron les ruines du tombeau d'Absalon. On pourrait objecter qu'Absalon fut tué dans le bois d'Ephraïm, et que son corps fut jeté dans une grande fosse qui était dans le bois, sur laquelle on éleva un grand monceau de pierres (II REG., XVIII, 17). comment son tombeau peut-il donc se trouver dans le torrent de Cédron ? On peut l'expliquer par le verset suivant du même livre des Rois. « Absalon ayant perdu ses trois fils, lorsqu'il vivait encore, s'était fait dresser une colonne dans la vallée du Roi. Je n'ai point d'enfants, disait-il, et ce sera là un monument qui fera vivre mon nom. Il donna donc son nom à cette colonne, et on l'appelle encore aujourd'hui *la Main* d'Absalon, parce qu'elle est l'ouvrage de ce prince (II Reg., xviii, 18). » D'ailleurs il est probable que David n'aura pas laissé le corps de son fils dans le bois d'Ephraïm ; il aura pu le faire transporter dans le monument dont je parle.

David passa le torrent de Cédron lorsqu'il fuyait son fils rebelle, et se dirigea vers le désert qui conduit à Béthel, au sud-est de Jérusalem, du côté du Jourdain, qu'il traversa dans sa fuite. *Rex quoque transgrediebatur torrentem Cedron* (II Reg., xv, 23). » Mais ce qui rend ce torrent bien plus mémorable encore, c'est que Jésus-Christ, après avoir été pris par les soldats la nuit de sa Passion, le traversa pour être conduit chez Anne le grand prêtre. Le pont sur lequel il passa n'existe plus. Il était au-dessous de celui d'aujourd'hui ; à peu près en face, nous a-t-on dit, de la porte Dorée. C'est une tradition que Jésus-Christ, en passant le Cédron, la nuit de sa Passion, tomba dans l'eau ; elle est fondée sans doute sur ces paroles du psaume : « Il boira dans le chemin de l'eau du torrent : *De torrente in via bibet* (Ps. cix, 8). » On croit encore remarquer sur une pierre, au fond de son lit, l'empreinte des genoux du Sauveur.

Le torrent de Cédron doit couler abondamment dans les temps de pluie, car on y voit de grosses pierres déracinées. Mais quand je l'ai visité, il était complétement à sec.

§ X.

Description de la montagne des Oliviers.

La montagne des Oliviers est peut-être ainsi appelée parce qu'elle est la seule des montagnes qui avoisinent Jérusalem qui soit plantée d'oliviers : du moins on n'en voit aucun sur celles qui sont au nord, ni sur celles du Scandale, du Mauvais-Conseilet de Saint-Philippe.

La montagne des Oliviers est directement à l'orient de

Jérusalem, en sorte que, au lever du soleil, à l'équinoxe, l'ombre qu'elle dessine se projette sur la Ville-Sainte. Elle en est à un kilomètre environ ; cette distance d'ailleurs nous est marquée par saint Luc. « Ils partirent (ses Apôtres) de la montagne appelée des Oliviers, qui est éloignée de Jérusalem de l'espace de chemin que l'on peut faire le jour du Sabbat (mille pas), *Sabbati habens iter* (ACT., I, 12). »

Si l'on sort de Jérusalem par la porte de Saint-Étienne, aussitôt que l'on a traversé le torrent de Cédron, on commence à gravir la montagne, qui, à partir du fond du torrent, peut avoir environ 200 mètres d'élévation.

Le premier monument qui se présente à la piété du pèlerin, sur sa gauche, est le tombeau de la très-sainte Vierge. On y descend par un escalier en pierre, de 29 à 30 marches. A moitié de l'escalier, et sur la droite, est le tombeau de saint Joachim, père de cette Vierge sainte ; à main gauche, celui de saint Joseph, son chaste époux. Je n'ai pas manqué de prier ces deux saints, surtout saint Joseph, mon patron. Les deux tombeaux sont construits en forme d'autels, de façon que l'on pourrait y célébrer la sainte Messe, si les Grecs le permettaient. Deux lampes brûlent continuellement à chacun de ces autels. Environ quinze marches plus bas, apparaît le tombeau de la très-sainte Vierge. Comme la lumière du jour ne peut pénétrer dans ce sanctuaire, et qu'il n'est éclairé que par des lampes, je n'ai pu bien distinguer comment ce tombeau est construit. Je me suis mis à genoux pour adresser à la bonne Mère un *Sub tuum* et un *Memorare*. J'aurais bien désiré prendre une petite pierre ou de la poussière, dans ce caveau, en souvenir de la Mère du Sauveur ; mais on m'a dit que les Grecs schismatiques n'accordaient pas ce privilége aux catholiques.

En allant à droite, un peu plus haut que le tombeau de la sainte Vierge, est le jardin de Gethsémani, c'est-à-dire le *Prædium Gethsemani* de l'Évangile (MARC., XIV, 32). Ce jardin qui est clos de murs depuis quelques années, et peut contenir environ 4 ares, appartient aux **PP.** Franciscains. Il est parfaitement carré. Je n'y ai pas vu de légumes, mais beaucoup de fleurs sur les plates-bandes. Ce qu'il y a de bien intéressant dans ce jardin, ce sont huit oliviers, dont le tronc dénote une grande antiquité. Un P. Franciscain, qui nous accompagnait dans cette excursion, nous a attesté que ces oliviers remontaient jusqu'au temps de Jésus-Christ. D'après ce témoignage, il est donc certain qu'il a prié et pleuré sous ces oliviers. Cette pensée nous donnait un grand désir d'en casser quelques petites branches. Déjà nos bras étaient levés, lorsque le P. Franciscain qui nous accompagnait nous dit qu'il y avait excommunication, encourue par le seul fait (*ipso facto*), pour quiconque en casserait la plus petite branche. Cette parole arrêta notre empressement ; mais le bon Père, pour satisfaire notre pieuse ambition, voulut bien donner à chacun de nous une petite branche de ces arbres. Il nous dit aussi que nous pouvions sans inconvénient cueillir les olives que nous trouverions dessous. Mais comme ce n'était pas le temps de la maturité, il y en avait très-peu. Pour ma part, je n'ai pu en ramasser que trois seulement. Quand ces oliviers ne remonteraient pas au temps de Jésus-Christ, du moins ils ont tiré leur séve des pleurs et du sang de ce bon Sauveur. Je n'ai pas manqué de prendre de la terre et des fleurs de ce jardin.

C'est dans le jardin de Gethsémani que Jésus-Christ, après la Cène, s'en alla avec ses disciples. « Jésus ayant dit ces choses, s'en alla avec ses disciples au delà du torrent de Cédron, où il y avait un jardin, dans lequel il entra avec eux (JOAN., XVIII, 1). »

Le jardin de Gethsémani est situé exactement au pied de la montagne des Oliviers, du côté de Jérusalem, en sorte que la partie la plus basse longe, pour ainsi dire, le torrent de Cédron.

Au-dessus de ce jardin, à l'orient, se trouve une ruelle qui prend en travers le mont des Oliviers, par conséquent, allant du nord au midi. D'un côté, cette ruelle se trouve formée par le mur du jardin de Gethsémani ; de l'autre côté, par un gros mur en pierres sèches. A l'extrémité sud, elle forme une impasse. C'est en cet endroit, suivant la tradition, que Judas trahit son divin Maître. « Celui que je baiserai, avait-il dit aux gens envoyés par les princes des prêtres, c'est celui-là même que vous cherchez : saisissez-vous de lui (MATTH., XXVI, 48). »

Quand on est sur les lieux, il ne faut que rapprocher les circonstances pour comprendre que ce fut là que Judas trahit son divin Maître. Judas, accompagné des soldats, sortait de la ville. Il avait traversé le torrent de Cédron, au sud ; sans presque se détourner ni à droite ni à gauche, il arrivait au lieu dont je parle. D'un autre côté, Jésus sortait de la grotte de Gethsémani, en s'avançant vers le sud, au lieu où il avait laissé ses disciples, qui n'est pas à vingt pas de celui où se fit la trahison de Judas. « Cependant Jésus, qui savait tout ce qui lui devait arriver, dit l'Évangéliste, bien loin de se dérober à la fureur de ses ennemis, vint au-devant d'eux. *Jesus, sciens omnia quæ ventura erant super eum, præcessit* (JOAN., XVIII., 4). »

En revenant du lieu de la trahison de Judas, c'est-à-dire du sud au nord, on voit à main droite, tout près du mur de la petite ruelle, une petite élévation rocailleuse, d'un diamètre d'environ 4 mètres ; aujourd'hui cette élévation ne dépasse pas le sol de la montagne de plus de 16 centimètres. C'est là que Jésus-Christ laissa ses apôtres, en leur disant : « Asseyez-vous ici jusqu'à ce que j'aie fait ma prière. *Sedete hic, donec orem* (MARC., XIV, 32). En attendant, veillez et priez, afin que vous n'entriez point en tentation. *Vigilate et orate, ut non intretis in tentationem* (MATTH., XXVI, 41). »

Je ne puis passer, sans la mentionner, une circonstance de l'Évangile qui m'a singulièrement frappé et qui prouve la véracité et l'exactitude des Evangélistes jusque dans les moindres circonstances. Quand j'étais auprès de la petite élévation où Jésus-Christ laissa ses apôtres pour aller prier dans la grotte de Gethsémani, je voyais parfaitement l'entrée de la grotte. Je me rappelai alors ces paroles de saint Luc : « Lorsqu'il fut arrivé en ce lieu, il leur dit : Asseyez-vous, et priez afin que vous n'entriez point en tentation. Ensuite il s'éloigna d'eux d'environ un jet de pierre. *Et ipse avulsus est ab eis quantùm jactus est lapidis* (Luc., xxii, 41). » Sans avoir le bras vigoureux, je crois que j'aurais pu de ce lieu lancer une pierre à l'entrée de la grotte de Gethsémani.

Jésus-Christ laissa huit de ses apôtres à l'endroit dont j'ai parlé. Ensuite il prit avec lui Pierre et les deux fils de Zébédée (Matth., xxvi, 37). Alors il leur dit : « Mon âme est triste jusqu'à la mort, demeurez ici. *Tristis est anima mea usque ad mortem, sustinete hic* (Matth., xxvi, 38). » On ne nous a pas désigné la place où Jésus-Christ laissa ses trois apôtres pour aller prier dans la grotte de Gethsémani. Il est certain qu'elle n'est pas éloignée de la grotte, puisqu'il y a si peu de distance de là à l'endroit où étaient les huit autres apôtres.

§ XI.

Grotte de Gethsémani ou de l'Agonie.

La grotte de Gethsémani apparaît sur le versant ouest de la montagne des Oliviers, un peu au-dessus du tombeau de la sainte Vierge. L'ouverture regarde la Ville-Sainte, c'est-à-dire le couchant ; l'entrée, qui est sans porte, peut avoir de 2 mètres 66 centimètres à 3 mètres 66 centimètres de largeur, sur presque autant de hauteur. La grotte est presque ronde d'un diamètre d'environ 6 mètres 33 centimètres. Il y a en dedans trois autels, très-proprement ornés ; plusieurs lampes brûlent continuellement dans ce saint lieu ; derrière le maître-autel il y a encore une cavité. On peut croire que c'est là que se retira le Sauveur pour prier ; c'est le lieu le plus solitaire de la grotte. Cette grotte est à peu près telle qu'au temps de Jésus-Christ, aussi on voit partout le rocher à nu. C'est une pierre blanchâtre ; le pavé n'est que de la terre ; si dure, que je n'ai pu, à mon grand regret, en enlever quelques parcelles ; mais plus tard les bons **PP.** Franciscains m'ont dédommagé.

C'est, comme je viens de le dire, probablement dans le lieu le plus profond de cette grotte que Jésus-Christ se retira pour prier. *Positis genibus, orabat* (Luc., XXII, 41). C'est là qu'il disait à son Père : « Mon Père, si vous le voulez, éloignez ce calice de moi ; néanmoins que ce ne soit pas ma volonté qui se fasse, mais la vôtre (Luc., XXII, 42). » C'est là qu'un ange lui apparut du ciel pour le fortifier. *Apparuit illi angelus de cœlo, confortans eum* (Luc., XXII, 43). C'est là qu'étant tombé en agonie, il redoublait ses prières. *Factus in agonia, prolixiùs orabat* (Luc., XXII, 43). » C'est là enfin qu'une sueur semblable à des goutes de sang découla de tous ses membres jusqu'à terre. *Factus est sudor ejus sicut guttæ sanguinis decurrentis in terram* (Luc., XXII, 44). »

Je n'ai pas vu, il est vrai, les gouttes de sang du Sauveur, elles ont disparu. Mais j'ai eu le loisir de baiser la terre sur laquelle il était prosterné. Je versai quelques larmes que j'unissais au sang de mon Sauveur. Que je me serais trouvé heureux d'expirer dans cette grotte, où il avait déjà tant souffert pour l'amour de moi !

Je quittai ce saint lieu, pour suivre les pèlerins qui s'acheminaient vers le sommet de la montagne. Arrivé aux deux tiers, on voit, à main droite, les tombeaux d'un grand nombre de Prophètes. Ils sont recouverts de pierres sépulcrales qui dépassent peu le sol. C'est là aussi, nous disait le P. Franciscain qui était avec nous, que sont enterrés des milliers de Saints !

Sur la gauche, on voit les ruines d'une belle église, dont les murailles ont encore environ 6 mètres 66 centimètres de hauteur, laquelle a été bâtie sur le lieu où se tenait le Sauveur lorsqu'il pleura sur la ville de Jérusalem. « Lorsque Jésus approchait de la descente de la montagne des Oliviers, » dit saint Luc, « jetant les yeux sur la ville, il pleura sur elle. *Videns civitatem, flevit super illam* (Luc., xix, 41). » De ce lieu, le Sauveur pouvait, en effet, voir toute la ville. Je me tournai moi-même tout exprès, et aucune maison n'échappait à mes regards.

C'est probablement dans ce même endroit que se tenait Jésus-Christ, quand ses disciples lui demandèrent en quel temps aurait lieu la destruction du temple. « Comme il était sur la montagne des Oliviers, » dit saint Marc, « et vis-à-vis du temple, Pierre, Jacques et Jean lui demandèrent en particulier : Dites-nous quand ceci arrivera, et par quels signes on connaîtra que toutes ces choses sont sur le point de s'accomplir (MARC., xiii, 3-4). »

En montant quelques pas, on voit, à main droite, les ruines de douze grottes. C'est là que les Apôtres se retirèrent après l'ascension de leur divin Maître, pour composer le symbole qui est le fondement de la croyance des chrétiens. L'entrée de ces grottes regarde la ville de Jérusalem. L'espace qui est au-devant est environné d'un mur en pierres sèches, de la hauteur d'environ 66 centimètres. L'espace entouré par ce mur est d'environ quinze pas en carré.

Immédiatement au-dessus de ces grottes, et toujours à main droite, et presque au sommet de la montagne, on voit un autre espace de la même grandeur, à peu près. Il n'est pas environné d'un mur, mais il est parfaitement marqué. C'est là, nous dit le P. Franciscain, que Jésus-Christ enseigna à ses disciples à prier. « Un jour, comme il était en prière, » dit saint Luc, « un de ses disciples lui dit : Seigneur, enseignez-nous à prier, comme Jean l'a appris à ses disciples. Il leur dit : Vous prierez ainsi : Notre Père, etc. (Luc., xi, 1-2). » Ce qui doit porter à croire que c'est dans ce lieu que fut composée l'Oraison dominicale, c'est qu'il est dit, au Chap. x, 38, du même saint Luc : « Or, comme ils continuaient leur chemin vers Jérusalem, Jésus entra dans un bourg. » Ce bourg est Béthanie. De Béthanie à Jérusalem, le chemin direct est de traverser la montagne des Oliviers. On ne peut donc guère douter que ce ne soit là où Jésus-Christ enseigna à ses disciples l'Oraison dominicale.

Presque au milieu de cet espace, il y a un olivier. J'allai m'assoir à son ombre, pendant quelques instants : je demandai à Dieu la grâce de prier toujours avec foi et avec ferveur. Ensuite, je me mis à genoux pour réciter avec tous les autres pèlerins l'Oraison dominicale.

Après avoir fait quelques pas, nous arrivons au sommet de la montagne. C'est là qu'eut lieu l'ascension du Sauveur. La vue plonge au loin de tous côtés. Mais ce qui m'occupait le plus, c'était de me rendre à l'endroit même de l'ascension, lequel se trouve au point le plus élevé de la montagne.

Sainte Hélène, mère du grand Constantin, avait fait bâtir une église sur le lieu même de l'ascension du Sauveur. Cette église a été convertie, je ne sais à quelle époque, en mosquée. Aujourd'hui encore elle conserve cette destination. Les murailles et le toit sont en bon état. Le minaret qui la surmonte a toute l'élégance des minarets turcs. J'ai monté jusqu'au haut avec quelques pèlerins. C'est de là que l'on découvre parfaitement la mer Morte, à l'est ; les montagnes de l'Arabie, Bethléem et une partie de la Galilée, au nord-ouest. On aperçoit à peine le Jourdain, parce qu'il se trouve encaissé dans les montagnes.

. Lorsque je fus descendu, j'entrai dans la mosquée, ou plutôt, dans l'église de l'Ascension. C'est une salle carrée, d'un diamètre d'environ dix pas. On n'y voit aucune espèce d'ornements, les murailles en sont toutes nues. Au milieu de cette salle, sur un rocher blanc, tacheté de veines rouges, qui m'a paru être du silex, se trouve le vestige du pied du Sauveur, qu'il laissa imprimé sur le roc en montant au ciel.

« Jésus-Christ, » dit saint Luc, « mena ses disciples hors de la ville (de Jérusalem), et levant les mains, il les bénit, et et en les bénissant il se sépara d'eux et monta au ciel (Luc., XXIV,

50-51). » Je ne manquai pas de baiser à plusieurs reprises l'empreinte du pied du Sauveur, le priant de me bénir comme il bénit autrefois ses disciples. Je me représentais le Rédempteur montant au Ciel et emmenant avec lui une multitude de justes qui avaient vécu avant sa venue. *Ascendens in altum, captivam duxit captivitatem* (Ephes. iv, 8). »

On a souvent dit que jamais on n'avait pu couvrir, ou plutôt voûter, l'endroit par où Jésus-Christ s'était élevé dans le ciel. Je ne sais ce qu'il en était autrefois : mais je puis assurer que maintenant il y a une voûte solide qui forme toit directement au-dessus du vestige du pied sacré du Sauveur. Ce vestige peut avoir en certains endroits 1 centimètre environ de profondeur. A l'inspection de ce vestige, il est bien difficile de s'assurer d'une manière certaine de quel côté le Sauveur avait la face tournée, lorsqu'il monta au ciel. Je dis le vestige, car je n'en ai pas vu deux. Et pourtant un ancien auteur, que les plus habiles critiques ont cru être saint Jérôme, affirme que Jésus-Christ, en montant au ciel, laissa les vestiges de ses pieds empreints sur le rocher où il les posa avant de quitter la terre. « On y voit les traces de ses pas, » dit saint Augustin, « on les adore au lieu même où ses pieds reposèrent pour la dernière fois, et d'où il s'éleva dans les airs pour monter au ciel (*Tract. 47ᵉ in Joann.*) »

Lors du siége de Jérusalem par Titus, l'armée romaine campa longtemps sur la montagne des Oliviers, sans que ni les mouvements des troupes, ni les pieds des chevaux, ni les travaux du camp pussent effacer ces vestiges sacrés.

Voici ce que dit l'historien Josèphe du camp des Romains sur la montagne des Oliviers. « Il fut ordonné à ceux-cy d'asseoir leur camp à six stades de Hiérusalem, du côté du mont Elion, qui est le mont Olivet, situé en la partie orientale à l'opposite de la ville : où entre deux il y a une vallée creuse appelée Cédron (*Josèphe, Guerre des Juifs*, liv. VIᵉ, chap. 3). »

Eusèbe nous apprend que l'impératrice Hélène, remplie de vénération pour ce lieu saint, y fit bâtir une église, mais lorsqu'on voulut paver et couvrir de marbre la trace des pieds, comme le reste de cette magnifique église, on ne put effectuer le travail. Tout ce qu'on y mettait était sur-le-champ repoussé par une force invisible, et l'on fut contraint de laisser à découvert l'endroit où étaient les vestiges. La chose se trouvait encore en cet état vers la fin du viie siècle. Mais l'édifice fut détruit pendant les guerres des Sarrazins. Je ne sais à quelle époque a été bâtie la mosquée qui existe aujourd'hui.

J'abandonne ces raisonnements, pour revenir à ma simple narration.

Je crois que les musulmans ne font pas grand cas de cette mosquée. Car, quoique ses murailles soient solides, elle est pourtant dans un état qui fait pitié. Je n'ose dire quelles sont les immondices qui sont tout autour, surtout dans les croisées du minaret. Il est à peu près certain que les musulmans n'y viennent jamais faire la prière. Le jour que j'avais le bonheur de dire la sainte Messe dans le Cénacle, trois prêtres pèlerins la disaient dans la mosquée des Oliviers, sans permission ni précautions aucunes.

Du côté du nord, toujours sur le sommet de la montagne des Oliviers, et à trente pas environ de la mosquée, est le lieu, encore appelé aujourd'hui par les catholiques de Jérusalem, *Viri Galilœi.* C'est dans cet endroit que les disciples du Sauveur, au nombre cinq cents, se tenaient lorsqu'il monta au ciel. « Hommes de Galilée, leur dirent deux anges sous la forme de deux hommes vêtus de blanc, pourquoi vous arrêtez-vous à regarder au ciel? Ce Jésus qui, en se séparant de vous, s'est élevé dans le ciel, viendra de la même sorte que vous l'y avez vu monter (Act., i, 10-11). »

Tout près de là, est la grotte de Sainte-Pélagie. Cette célèbre pénitente était native d'Antioche, en Syrie. Après sa conversion, elle vint à Jérusalem pour visiter les Saints Lieux : après quoi elle se retira sur le mont des Oliviers, où elle mourut.

Comme nous étions sur le haut de la montagne des Oliviers nous demandâmes à nos guides où était le village de Bethphagé. Ils nous répondirent qu'il n'en restait aucune trace, et que le souvenir de son emplacement était entièrement perdu.

Il est donc très-difficile de marquer le lieu précis de ce village. Voici ce qu'on lit dans l'Evangile de saint Matthieu : « Lorsqu'ils approchaient (Jésus-Christ et ses disciples) de Jérusalem, et qu'ils furent arrivés à la vue de Bethphagé, village situé près de la montage des Oliviers, Jésus envoya deux de ses disciples, et leur dit : Allez à ce village qui est devant vous, etc. (MATTH., XXI, 21, 12). »

Voici le raisonnement que l'on peut faire : Jésus avec ses disciples venait de Jéricho, qui est au delà de Béthanie par rapport à Jérusalem ; naturellement il aura dû passer par Béthanie. De Béthanie à la montagne des Oliviers, le chemin est direct. Or, l'Evangéliste dit : « Jésus étant près de la montagne des Oliviers » ; d'où je conclus que le village de Bethphagé était sur le versant oriental de la montagne, ou du moins tout près, et par conséquent du côté de Béthanie. Voilà les probabilités que je puis donner sur l'emplacement de ce village mentionné dans l'Evangile.

Maintenant je vais donner un aperçu topographique des lieux situés sur le versant occidental de la montagne des Oliviers.

§ XII.

Excursion à Béthanie.

Après avoir visité tous les endroits mémorables de la montagne des Oliviers, tous les pèlerins reprirent le chemin de la Ville-Sainte. Mais moi, j'avais un si grand désir de voir Béthanie, que je leur demandai la permission d'y aller seul (la caravane ne se sépare jamais dans les excursions en Palestine). Cependant ils m'accordèrent volontiers cette permission. Je prends donc un guide (Yovani Aoud), et nous nous mettons en route tous deux. Du haut de la montagne des Oliviers il y a environ 3 kilomètres. Béthanie est directement à l'est de Jérusalem. Nous descendîmes donc le versant oriental de la montagne, qui est peut-être un peu moins rapide que celui qui regarde Jérusalem ; mais beaucoup plus dangereux, parce que le sentier, qui est étroit, a au-dessous de lui un ravin de plus de 20 mètres de profondeur. C'est la continuation du torrent de Cédron, qui va se perdre à travers les montagnes, dans la mer Morte. De la montagne des Oliviers à Béthanie, on descend toujours. Il était onze heures, nous étions brûlés par le soleil, parce que les flancs des montagnes que nous parcourions font face au sud.

Le village est situé sur le flanc nord d'une montagne très-escarpée. Les maisons les plus basses bordent le ravin. Je ne sais pas quelle est sa population. J'ai vu peu de monde. Chacun était probablement renfermé chez soi, à cause de la grande chaleur.

Mais ce que je cherchais, et ce qui était l'objet de mes vœux, c'était le château de Marthe et le tombeau du Lazare. Ces deux monuments de la piété chrétienne se trouvent à l'entrée du bourg, supposé que l'on vienne de Jérusalem à Béthanie. Ils sont même un peu séparés des premières maisons. Le château, dont il reste encore des pans de murailles de la hauteur d'environ 4 mètres, est situé sur le flanc de la même montagne que le bourg ; par conséquent il regarde aussi le nord. Comme j'étais fatigué et que d'ailleurs l'accès n'en est pas facile à cause des décombres, je n'ai pas eu le courage d'y monter : je le regrette d'autant plus, que j'aurais peut-être retrouvé l'emplacement de la salle où Jésus-Christ avait été reçu tant de fois, et avec une si cordiale affection, par Lazare et par ses deux sœurs. Mais je me dédommageai en me rappelant ces paroles de l'Evangile : « Six jours avant la Pâque, Jésus vint à Béthanie, où était mort Lazare, qu'il avait ressuscité. On lui donna là à souper ; et Marthe servait, et Lazare était un de ceux qui étaient à table avec lui. Pour Marie, elle prit une livre d'huile de parfum de vrai nard, de grand prix ; elle le répandit sur les pieds de Jésus et les essuya avec ses cheveux (JOAN., XII, 1-2-3). »

Le tombeau du Lazare se trouve exactement au-dessous du château. L'entrée qui regarde le nord borde le sentier qui conduit au bourg. On y descend par un mauvais escalier en pierre, tout dégradé ; de sorte que c'est plutôt une pente qu'un escalier Après avoir descendu, presque en double, environ huit marches, on arrive à un petit espace où il y a une forme d'autel en pierre, pratiqué dans le rocher. Cet autel est dépourvu de tout ornement. Cependant mon guide me dit que l'on y célébrait la sainte Messe trois fois par an, à la fête de saint Lazare, de sainte Marthe et de sainte Marie-Madeleine. On n'y entretient pas de lampes comme on le fait dans beaucoup d'autres grottes vénérées par les chrétiens de Palestine.

A deux pas de cet autel, en tournant à gauche, se trouve l'endroit où fut déposé le corps de Lazare. C'est un espace de la longueur et de la largeur d'un cercueil. On ne peut se tenir là que courbé. L'entrée est si étroite, qu'on a peine à y passer. Je m'agenouillai et je priai notre bon Sauveur de me ressusciter à la vie de la grâce, comme il avait ressuscité Lazare à la vie du corps. Je me rappelai alors ces paroles que Marthe dit à Jésus : « Seigneur, il sent déjà mauvais, car il y a quatre jours qu'il est là. *Domine, jam fœtet, quatriduanus est enim* (JOAN., XI, 39).» La lumière ne peut pénétrer dans ce tombeau que par la porte : et comme l'escalier est tortueux, on est bientôt dans une pleine obscurité. Aussi mon guide, qui savait cela, avait eu la précaution de prendre deux bougies et des allumettes.

Quand j'eus satisfait ma curiosité, et encore plus ma piété, je remontai, ou plutôt je grimpai pour arriver à l'entrée. Cette entrée, haute d'environ 1 mètre 55 centimètres, est fermée par une porte toute disloquée, sans serrure et sans verrou, de sorte qu'il est libre à chacun d'y entrer quand il lui plaît.

Quand je fus sorti, je restai debout devant la porte. J'é-
prouvai en ce moment-là de bien douces émotions ; car enfin,
si je n'étais pas positivement à la place où se tenait Jésus-
Christ, quand il dit à haute voix : Lazare, sortez dehors,
Lazare, veni foras (JOAN., xi,43), du moins je n'en étais pas
éloigné. D'ailleurs, comme j'ai circulé autour de la porte, il
est probable et même il est certain que j'ai mis mes pieds à
l'endroit où le Sauveur avait mis les siens. Plaise à ce bon
Sauveur que je marche toujours sur ses traces pendant ma vie,
afin de me réunir un jour avec lui dans le ciel !

L'Évangile dit que le tombeau du Lazare était une grotte,
Erat autem spelunca (JOAN., xi,38). C'est en effet une grotte,
mais non pas naturelle, comme il y en a tant dans la Palestine;
je crois qu'elle a été creusée dans le roc, pour servir de sépulture. Peut-être Lazare et ses deux sœurs l'avaient-ils fait
creuser pour eux.

Après avoir visité le tombeau du Lazare, il restait un lieu
que j'avais grand désir de visiter encore : c'est le lieu où Jésus-
Christ se trouvait, lorsque Marthe et Marie allèrent à sa rencontre pour lui dire : « Seigneur, si vous eussiez été ici, mon
frère ne serait pas mort. *Domine, si fuisses hîc, frater meus
non fuisset mortuus* (JOAN., xi,24). » Je priai donc mon guide
de m'y conduire. Nous suivons le ravin, en passant devant le
bourg de Béthanie, que nous laissons à notre droite. Quatre
petits Arabes, de 10 à 12 ans, se joignent à nous ; ce qui fit une
petite caravane de six personnes. Ce lieu est à 1 kilomètre de
Béthanie, sur le sentier qui conduit à la mer Morte, et à l'est
du bourg. Il n'y a pas de montagnes à franchir; mais en
revanche le terrain est couvert de rochers et de grosses pierres
par-dessus lesquels il faut nécessairement passer. Enfin, nous
arrivons à l'endroit que je cherchais. Il est marqué par une
pierre de la longueur d'environ 1 mètre, elle ressemble assez
à un tronçon de colonne, peut-être a-t-elle été autrefois debout
pour désigner ce lieu sanctifié par la présence du Sauveur.
Maintenant elle est couchée, dans la position du nord au sud. Cette

pierre, me dit mon guide (Yovani Aoud), qui est un bon catholique de Jérusalem, marque l'endroit où se tenait Jésus-
Christ notre Sauveur. Je récitai là, sans être interrompu par
nos petits Arabes, les 45 versets du chapitre XI de saint
Jean, où il est parlé de l'entrevue de Marthe et de Marie, et de
la résurrection de Lazare. Je n'eus pas plutôt fini, qu'un des
quatre petits Arabes qui nous avaient suivis, et qui, probablement, prévoyait ce que je désirais, se mit aussitôt à casser des
morceaux de cette pierre avec une pioche qu'il avait sans doute
apportée exprès. Il les ramassa, pour me les offrir ; mais il
fallut bien récompenser sa peine par quelques piastres, qu'il
accepta avec reconnaissance.

Ma piété étant satisfaite, je retournai avec mon guide vers le
bourg de Béthanie. Nos quatre petits Arabes nous suivaient,
sautant d'une pierre sur l'autre, avec la légèreté d'un chat-
écureuil. Arrivé dans le bourg, j'allai m'asseoir à l'ombre de la
montagne, tout près la porte du tombeau du Lazare. Une
femme du bourg, qui se trouvait là, me demanda, par l'intermédiaire de mon drogman, si je voulais boire (l'hospitalité des
anciens patriarches n'a pas dégénéré parmi les Arabes). Aussitôt que je lui eus fait dire que je boirais volontiers, elle se
mit à courir bien vite dans le bourg. En moins de dix minutes
elle arriva, non pas avec une bouteille de vin de champagne,
mais avec une grande cruche pleine d'eau à demi-tiède.
Comme elle n'avait point de verre à vin de champagne pour
me verser de cette liqueur, je pris la cruche et je bus à longs
traits ; puis je la passai à mon guide, qui en fit autant ; je repris la cruche des mains de mon guide, pour boire une seconde
fois. Je fus heureux de récompenser cet acte de charité par
quelques piastres.

Il était environ midi : je quittai le tombeau du Lazare et le
bourg de Béthanie avec regret. Si je n'avais eu que 40 ans,
j'aurais demandé à Mgr Valerga, patriarche de Jérusalem, à
exercer mon ministère dans ce bourg ; je l'aurais choisi de
préférence à beaucoup d'autres villages de la Palestine, à cause

de sa proximité de Jérusalem, comme aussi à cause de Lazare et de ses deux sœurs, et surtout parce que Jésus-Christ y a séjourné tant de fois. Et pourtant, s'il y a des catholiques, ils sont, je crois, en bien petit nombre.

Je m'acheminai donc avec mon guide pour retourner à Jérusalem. Après avoir fait environ un kilomètre, nous arrivâmes à un petit monticule planté de figuiers chargés de figues, c'était peut-être l'endroit où Jésus-Christ maudit le figuier : car il est probable que je parcourais le sentier que suivit le Sauveur allant de Béthanie à Jérusalem. Voici d'ailleurs ce qu'on lit dans l'Évangile.

« Jésus entra ainsi dans Jérusalem, et il alla droit au tem-
« ple ; et après y avoir tout considéré, comme il était déjà tard,
« il s'en alla à Béthanie avec les douze Apôtres. Le lendemain,
« lorsqu'il en sortait, il eut faim ; et voyant au loin un figuier,
« il alla voir s'il y trouverait quelque chose ; et s'en étant appro-
« ché, il n'y trouva que des feuilles, car ce n'était pas le temps
« des figues ; alors il dit au figuier : Qu'à jamais personne ne
« mange de toi aucun fruit. *Jam non ampliùs in æternum*
« *ex te fructum quisquam manducet* (MARC., XI, 11, etc.). »

Mais, comme je l'ai déjà dit, les figuiers auprès desquels je passais étaient bien garnis de figues. Comme je les regardais avec convoitise, mon guide alla en acheter, car il y avait là plusieurs Arabes qui en cueillaient. Ce fut une jeune fille, pauvrement mais décemment vêtue, âgée d'environ quinze ans, qui m'en apporta dans une mauvaise corbeille. Elle me les offrit avec une modestie que nos plus modestes filles de France pourraient envier. Pendant que mon guide et moi nous mangions de ces figues, elle tenait respectueusement la corbeille. Quand nous en eûmes mangé à satiété, il en resta encore quelques-unes au fond ; la jeune fille m'obligea à les prendre, ne voulant pas garder ce qui lui avait été bien payé. Tant d'attentions lui valurent mes remerciements, que je lui fis faire par mon drogman.

Oh ! si cette pauvre enfant avait compris le français, ou moi si j'avais pu lui parler arabe, comme je lui aurais exposé en peu de mots les mystères de notre sainte religion, le bonheur qu'elle procure dès cette vie, et la récompense éternelle que Dieu promet à ceux qui la pratiquent ! Je la quittai en priant Dieu de l'éclairer, car je pense qu'elle est musulmane ou Arabe.

En peu d'instants nous arrivâmes sur le sommet de la montagne des Oliviers. Nous rentrâmes dans la Ville-Sainte par la porte de Saint-Étienne. De là, nous nous rendîmes à Casa-Nova, où je trouvai nos bons pèlerins qui dînaient et qui me félicitèrent d'avoir fait seul une excursion à Béthanie.

<h2 style="text-align:center">§ XIII.</h2>

Excursion à Saint-Jean-du-Désert

Le mercredi 10 septembre, à 6 heures du matin, toute la caravane fit une excursion à Saint-Jean-du-Désert. Nous sortîmes de la Ville-Sainte par la porte de Jaffa, ayant à notre gauche la partie nord de la montagne du Calvaire, et l'extrémité nord de la vallée de Gehenne. Il y a trois heures de marche de Jérusalem à Saint-Jean-du-Désert, car on ne peut marcher que lentement entre les rochers et sur le flanc des montagnes. Saint-Jean-du-Désert est directement à l'ouest de Jérusalem.

A 1 kilomètre de Jérusalem, on entre dans les montagnes de la Judée. Quatre kilomètres plus loin, se trouve le couvent de Sainte-Croix (en arabe Aïn-Karim), habité par des religieux grecs schismatiques. Ce couvent est situé sur un beau plateau environné de montagnes. Les religieux nous ont bien reçus, ce qui nous a procuré l'avantage de visiter leur couvent en détail ; on dit que c'est là que fut coupé l'olivier qui servit à faire la croix de Jésus-Christ. On montre encore, derrière le maître-autel de l'église, un trou que l'on dit être la place où était l'olivier. Quoique nous fussions dans une église de grecs schismatiques, nous n'avons pas manqué de baiser respectueusement ce trou. Il a environ 8 centim. 1/2

de profondeur, il est creusé dans une pierre de granit blanchâtre. Pendant que les autres pèlerins satisfaisaient leur
piété, ces paroles du Prophète me vinrent à l'esprit : « *Exal-*
« *tavi lignum humile.... et frondere feci lignum aridum.*
« J'ai élevé l'arbre bas et faible.... j'ai fait reverdir l'arbre sec;
« je le planterai sur la haute montagne d'Israël (le Calvaire); il
« poussera un rejeton, portera du fruit, et deviendra un grand
« cèdre : et tout ce qui vole fera son nid sous l'ombre de ses
« branches (Ezech., xvii). » On ne peut guère douter que le
Prophète ne parle ici du crucifiement et de la mort de Jésus-
Christ, et du fruit qu'elle doit produire dans toute la terre. De
distance en distance, nous rencontrions des femmes portant
sur leurs têtes de grands paniers remplis de pastèques, de figues, de citrons, d'oranges, de légumes, qu'elles portent à Jérusalem. A notre droite et non loin du sentier, nous vîmes
l'emplacement de la maison d'Obededom, où l'arche du Seigneur resta pendant trois mois (II Reg., vi,11).

Du couvent de Sainte-Croix à Saint-Jean-du-Désert, ce ne
sont plus que des montagnes, qu'il faut nécessairement monter
et descendre. A 9 heures, nous arrivons dans le village; notre
caravane et surtout notre costume européen attirent l'attention
des habitants du village, grand nombre d'enfants surtout viennent se ranger sur une ligne pour nous voir passer. Nous nous
rendons au couvent des PP. Franciscains, dont la réception ne
nous laisse rien à désirer ; le couvent est presque au bas de la
montagne, du côté du sud; le village est au-dessus du couvent,
il m'a paru gros comme le bourg de Béthanie.

Comme nous tous prêtres pèlerins nous étions demeurés
à jeun, nous nous disposâmes à célébrer le saint sacrifice de la
Messe. L'église des Pères est bâtie sur le lieu même de la
naissance de Saint-Jean-Baptiste. A main gauche du maître-
autel, il y a un large escalier de huit marches par où l'on descend à la grotte où est né le saint Enfant; plusieurs lampes
brûlent au-dessus d'un autel bien décoré. Trois pèlerins ont
dit la sainte Messe à cet autel; moi, je l'ai célébrée à un autel

de l'église. Je pense qu'il y a un certain nombre de catholiques à Saint-Jean-du-Désert, car je vis plusieurs femmes assister pieusement à nos Messes. Après mon action de grâces, ma première démarche fut de descendre dans la grotte ; je baisai respectueusement l'endroit où l'on dit que saint Jean est né ; ensuite je récitai plusieurs fois le cantique *Benedictus Dominus Deus Israël*, etc. (Luc., I, 68), et tout ce que je savais de paroles de l'Écriture à la louange du saint Précurseur, telles que celles-ci : « Plusieurs se réjouiront à sa naissance, car il « sera grand devant le Seigneur.... Il sera rempli du Saint- « Esprit dès le sein de sa mère.... Il convertira plusieurs des « enfants d'Israël au Seigneur leur Dieu. Il marchera devant « lui dans l'esprit et dans la vertu d'Elie, pour préparer au « Seigneur un peuple parfait (Luc., I). »

Je me reportais par la pensée au temps de la naissance de saint Jean, et je me disais : C'est donc ici que Zacharie, père de saint Jean, après avoir demandé des tablettes, écrivit dessus : « Jean est le nom qu'il doit porter. *Et postulans pugillarem, scripit dicens, Joannes est nomen ejus* (Luc., I, 63). » C'est donc ici que la langue de ce même Zacharie, qui était muet, se délia, et qu'il parla en bénissant Dieu par ce beau cantique que l'Église a inséré dans son office, et qu'elle récite tous les jours à Laudes : *Benedictus Dominus Deus Israël*, etc. (Luc., I.). C'est donc dans les lieux circonvoisins de ce village, dans ce pays des montagnes de la Judée, que se répandit le bruit de toutes les merveilles qui s'opérèrent à la naissance du saint Précurseur : *Et super omnia montana Judææ divulgabantur omnia verba hæc* (Luc., I, 65).

Dans l'après-midi, nous fîmes une excursion à la grotte de Saint-Jean-Baptiste, c'est-à-dire, à l'endroit où il a passé une grande partie de sa vie, jusqu'au temps où il vint prêcher dans le désert de la Judée et sur les bords du Jourdain. *Venit Joannes Baptista, prædicans in deserto Judææ* (Math., III, 1). *Et venit in omnem regionem Jordanis* (Luc., III, 3). La grotte de Saint-Jean est à 6 kilomètres du village. C'est un pays de montagnes, qu'il faut encore gravir ; elles sont même bien plus escarpées que celles qui se trouvent entre Jérusalem et Saint-Jean-du-Désert.

En sortant du village, et en se dirigeant vers le sud , l'espace d'environ 300 pas, par un sentier bien uni, on arrive à la fontaine que les Arabes du lieu appellent, nous a-t-on dit, la fontaine de la Vierge ; une arcade en maçonnerie couvre cette fontaine. La source, qui est forte, jaillit d'un rocher, et tombe dans un abreuvoir, formé de belles pierres de taille, où les bestiaux viennent s'abreuver. Comme nous arrivions, il se trouva là quelques hommes, et surtout beaucoup d'enfants, qui s'empressèrent de faire boire nos chevaux, sans doute pour avoir droit à une petite récompense. Les femmes remplissaient leurs grandes cruches, et puis les emportaient sur leurs épaules dans le village.

La sainte Vierge demeura environ trois mois avec sa cousine Elisabeth. *Mansit Maria cum illa quasi mensibus tribus* (Luc., I,56). Elisabeth était âgée, et avancée dans sa grossesse. *Et hic mensis sextus est illi* (Luc., I,36). Marie était venue, non-seulement pour visiter sa cousine, mais aussi pour la soulager. On peut donc croire qu'elle sera allée bien des fois à cette fontaine pour y puiser de l'eau, et que c'est pour cette raison qu'elle est encore appelée aujourd'hui la fontaine de la Vierge ; d'ailleurs, je pense que c'est la seule qui alimente le village, car je n'en ai pas vu ailleurs.

Nous quittâmes cette fontaine pour nous diriger vers le couchant ; alors nous commençâmes à gravir le sentier étroit d'une montagne fort élevée. A peu de distance de son sommet, on trouve les ruines d'une église bâtie sur le lieu de la visite que la sainte Vierge fit à sa cousine Elisabeth. Il y a encore de grands pans de murailles, restes d'une église autrefois magnifique. Il y a même des voûtes sous lesquelles bon nombre de personnes pourraient se mettre à l'abri des injures de l'air. Quelques-uns des pèlerins ont même cru remarquer deux églises superposées l'une sur l'autre, comme dans certaines églises de France où il y a une crypte sous l'édifice. C'est dans cet endroit que se rendit la sainte Vierge pour faire visite à sa cousine et pour la féliciter de sa grossesse. C'est là encore que saint Jean, renfermé dans le sein d'Elisabeth, tressaillit de joie à la présence du Sauveur renfermé dans celui de Marie. *Exultavit in gaudio infans in utero meo* (Luc., 1,44). C'est là enfin que Marie, après avoir entendu les louanges et les bénédictions que lui donnait Elisabeth, s'écria dans le transport de sa joie et de sa reconnaissance : « Mon âme glorifie le Seigneur, et mon esprit est ravi de joie en Dieu mon Sauveur, etc. *Magnificat*, etc. (Luc., 1,46). » Cantique admirable que l'Eglise chante tous les jours dans son office, et que nous chantâmes nous-mêmes de grand cœur sur le lieu même où il avait été composé. Comme Zacharie avait une habitation à Saint-Jean-du-Désert, on peut croire que le lieu de la visitation était une maison de campagne du saint prêtre, ou simplement le lieu de la rencontre des deux saintes.

Un peu au-dessous de l'église de la Visitation, à main gauche, on rencontre une maison de campagne, nouvellement construite, laquelle appartient à M. Barère, consul de France à Jérusalem. Nous aurions bien désiré la visiter, mais le gardien avait sans doute des ordres pour ne laisser entrer personne ; si nous avions prévu cette circonstance en partant de Jérusalem, nous en aurions demandé la permission à M. Barère, qui nous l'aurait accordée bien volontiers, car nous n'avons qu'à nous louer de tous les égards qu'il a eus pour nous.

Nous prenons donc notre route vers le couchant, pour aller à la grotte de Saint-Jean : nous sommes toujours dans le pays des montagnes de la Judée. De Saint-Jean-du-Désert à la grotte, il y a 6 kilomètres. Le sentier du flanc des montagnes que nous parcourons regarde le nord ; à moitié chemin, à notre droite, sur le versant de la montagne opposée, nous apercevons un petit village, formé de quelques maisons ; çà et là nous voyons aussi des vignes, des oliviers, le long des montagnes et dans les ravins. Après la vallée de Térébinthe,

Saint-Jean-du-Désert et les environs sont les endroits où il y a le plus de vignes.

Après une heure et demie de marche, nous arrivons à la grotte du saint Précurseur. En ce lieu, la montagne est si escarpée qu'il faut nécessairement descendre de cheval ; sans quoi, cheval et cavalier rouleraient dans un précipice de plus 27 mètres de profondeur. En suivant le sentier, on arrive au-dessus de la grotte ; on descend environ 15 pas sur une pente très-rapide. J'eus grand besoin du secours d'un pèlerin dans cette circonstance. Quand on est descendu, on arrive à un petit espace uni, mais alors on se trouve au moins à 5 mètres au-dessous de la grotte, il faut donc monter, ou plutôt grimper sur un rocher presque à pic. A moitié chemin, coule une source sortant du rocher, mais bien faible à l'endroit où nous nous trouvions ; c'est sans aucun doute à cette fontaine que le saint Précurseur étanchait sa soif. L'entrée de la grotte regarde Saint-Jean-du-Désert, par conséquent le soleil levant ; il y a encore une autre ouverture qui regarde le nord. C'est par là, aussi bien que par la porte, que la lumière pénètre dans la grotte, et comme il n'y a rien pour fermer la porte, la lumière n'est jamais interceptée. Ces deux ouvertures, formées dans le roc, sont bien irrégulières ; la main de l'homme n'y a jamais porté ni le ciseau ni le marteau. La grotte peut avoir 2 mètres 34 centimètres à 2 mètres 68 centimètres du midi au nord, et 4 mètres du levant au couchant. La voûte, qui est de roche pure, est assez élevée pour qu'un homme de moyenne taille puisse s'y tenir debout, du moins vers le milieu. Mgr Valerga, Patriarche de Jérusalem, a fait l'acquisition de cette grotte.

Nous étions dans un pays de montagnes, dans un désert inhabité ; quelle fut notre surprise, lorsqu'entrant dans cette grotte, nous y trouvâmes une femme seule ! Son mari était au bas de la montagne, où il cultive un jardin appartenant à Mgr Valerga. De l'ouverture de la grotte, je regardai ce jardin ; il m'a paru bien cultivé, bien planté d'arbres propres au climat, moins accablés de poussière et de sécheresse ; plusieurs larges sentiers aboutissent à ce jardin.

La grotte de Saint-Jean est donc actuellement l'habitation d'un ménage, mais d'un ménage bien pauvre sans doute , car nous n'y avons vu pour tout ameublement qu'un tapis en lambeaux, étendu sur la roche nue, et qui sans doute sert de lit ; un mauvais couteau et un fusil dont nos chasseurs de France ne feraient pas grand cas. J'oubliais un objet précieux, c'est une cruche pour puiser de l'eau. Je ne doute point que cette femme ne soit catholique ; car elle nous montrait avec complaisance, dans un coin de la grotte, une saillie de roches, formant une espèce de table d'autel, sur laquelle, nous disait-elle par l'intermédiaire de notre drogman, le saint sacrifice de la Messe était offert le jour de la Nativité de Saint-Jean-Baptiste.

Comme nous nous disposions à descendre de la grotte, cette femme nous demanda si nous voulions boire ; quoique nous fussions dans un pays vignoble, nous ne devions pas nous attendre à un verre de vin. Nous acceptâmes néanmoins. Aussitôt elle prend sa cruche, et descend le rocher avec une adresse et une légèreté étonnantes. En quelques minutes, elle revient à la grotte avec sa cruche pleine, puis la présente à ceux qui manifestaient le désir de boire. Pour moi, je la pris de grand cœur ; bien joyeux de boire de l'eau de la fontaine qui servait de boisson au saint Précurseur de Jésus-Christ. Nous payâmes généreusement cet acte d'hospitalité, qui s'offre partout au voyageur en Palestine.

En descendant le rocher, je m'arrêtai à la fontaine, où je me lavai les mains dans une cavité, et toujours par respect pour saint Jean. J'avais eu bien de la peine à grimper en montant, mais le danger était encore plus grand en descendant. Si j'avais lâché pied, jamais je n'aurais revu la France, car j'aurais dégringolé un versant de 20 mètres en roulant d'un rocher sur l'autre.

Quand nous fûmes descendus sur le petit espace uni dont j'ai déjà parlé, et qui n'a pas plus de 3 mètres 35 centimètres en carré, je m'arrêtai pour considérer plus à l'aise le jardin de Mgr Valerga et les montagnes qui l'environnent ; c'est un vrai désert. Aussi loin que la vue peut s'étendre, on n'aperçoit que des montagnes et de profonds ravins. Un ciel d'azur paraît envelopper le sommet de ces hautes montagnes. Un solitaire qui se fixerait dans ces lieux pourrait s'entretenir continuellement avec Dieu ; il ne serait pas souvent distrait par des visites, excepté peut-être par celles de quelques animaux sauvages, des chacals surtout, car la nuit on entend souvent leurs cris dans les ravins.

Sur ce petit espace qui est au-dessous de la grotte, se trouve un arbre que l'on nomme caroubier. La hauteur de son tronc jusqu'aux branches peut être de 1 mètre 34 centimètres, sur une circonférence d'environ 77 centimètres ; sa tige ressemble assez à celle d'un pommier touffu. Les feuilles, qui sont très-vertes, ressemblent à celles du prunier ; ses fruits sont de grosses gousses plates, plus courtes mais plus larges que celles de nos plus gros pois d'Europe.

C'est dans cette grotte que saint Jean passa la plus grande partie de sa vie, se préparant ainsi, dans la solitude, à prêcher aux Juifs la pénitence. « Il demeurait dans le désert, dit saint Luc, jusqu'au jour qu'il devait paraître devant le peuple d'Israël. *Et erat in desertis usque in diem ostensionis suœ ad Israel* (Luc., I, 80). « Sa nourriture se composait de sauterelles et du miel sauvage. *Locustas et mel silvestre edebat, et prœdicabat* (MARC., I, 6). »

A propos de sauterelles, je croyais en voir de temps en temps dans ce désert et dans les autres contrées de la Judée. Je n'en ai pas vu non plus en Égypte, où elles sont si communes. Peut-être n'était-ce pas le temps de leurs émigrations.

Quant au miel sauvage, je n'en ai pas vu non plus. Je n'ai pas même entendu dire aux pèlerins qu'ils en aient trouvé dans le creux des arbres, ou dans les fentes des rochers près desquels nous passions fréquemment. Et pourtant, ce miel sauvage était très-commun, du moins au temps de Saül, puisque

nous lisons au 1er livre des Rois, ch. xiv, 14, verset 25 et suiv. :
« En même temps ils (les Hébreux) vinrent dans un bois où la
« terre était couverte de miel. Le peuple y étant entré, vit
« paraître ce miel qui découlait des creux des arbres et des
« rochers, où les abeilles le forment.... C'est pourquoi Jona-
« thas étendant la baguette qu'il tenait à la main, il en trempa
« le bout dans un rayon de miel, et en ayant ensuite porté à
« sa bouche avec la main, ses yeux reprirent une nouvelle vi-
« gueur (I Reg., xiv). »

Si le bon Dieu m'avait appelé à la vie solitaire, j'aurais
choisi de préférence la grotte de Saint-Jean, tâchant, comme
le saint Précurseur, de marcher devant Dieu dans l'esprit et
dans la vertu d'Elie. *In spiritu et virtute Eliæ* (Luc., 1, 17).
Mais l'affaire eût été un peu épineuse, car il aurait fallu faire
déguerpir la famille qui l'habite.

Comme le temps ne nous permet pas d'aller plus loin, nous
reprenons le chemin de Saint-Jean-du-Désert. Nous retrou-
vons nos chevaux, que nous n'avions pas même attachés, qui
nous attendaient paisiblement, sans trouver un brin d'herbe à
brouter. Les chevaux arabes sont vigoureux ; et, de plus, ils
sont d'une patience et d'une docilité étonnantes, surtout d'une
adresse incroyable à gravir et à descendre les montagnes.

Nous arrivons à Saint-Jean-du-Désert, après le coucher du
soleil. Nous nous rendons chez nos bons PP. Franciscains, qui
nous avaient préparé à souper. Le lendemain, à 6 heures du
matin (c'était le 11 septembre), nous montions à cheval pour
aller visiter la fontaine Saint-Philippe. Ce jour-là, je n'eus
pas le bonheur de célébrer la sainte Messe.

En sortant de Saint-Jean-du-Désert, nous nous dirigeons
vers le sud, laissant à notre droite la fontaine de la Vierge et
les ruines de l'église de la Visitation. Les montagnes ne sont
pas fort escarpées, aussi le sommet de quelques-unes est bien
cultivé. On voit çà et là des plantations de vignes, d'oliviers.
on voit même de ces derniers dans le faîte des rochers.

Pendant longtemps nous marchons sur le bord d'un large

torrent dans lequel l'eau doit couler en abondance au temps des pluies, car de grosses pierres sont partout déracinées. Ce torrent, dont je n'ai pu savoir le nom, va peut-être se perdre dans la mer Morte; en effet, son lit paraît incliné de ce côté-là. Nous passons à quelque distance de la vallée de Sorec, où demeurait la trop fameuse Dalila. *Habitabat in valle Sorec* (Jud. xvi, 4), et par là même, non loin d'Esthaol, où se trouve le sépulcre de Samson. « Ses frères et tous ses parents, étant ve-« nus dans ce lieu, enlevèrent son corps et l'ensevelirent entre « Saraa et Esthaol, dans le sépulcre de son père Manué (Jud., xvi, 31). » nous aurions souhaité voir des troupes de renards (chacals), comme au temps de Samson : mais aucun n'est venu affronter l'adresse de nos bons chasseurs.

A mesure que nous avançons, les oliviers deviennent plus fréquents : on en voit de belles plantations dans les vallées et même sur le versant des montagnes.

Nous arrivons à un village situé sur un petit monticule, je ne me rappelle pas que notre drogman nous ait dit son nom arabe ; mais comme ce village se trouve entre Jérusalem et la fontaine Saint-Philippe, où nous allions, les *Actes des Apôtres* sembleraient donner à entendre que c'est là qu'était située l'ancienne Gaza. Voici ce qu'on y lit : « En ce même temps, un ange du Seigneur parla à Philippe et lui dit : Levez-vous, et allez vers le midi, au chemin qui descend de la ville de Jérusalem à Gaza, qui est déserte (Act., viii, 26). »

Arrivés à ce village, nos guides ne savent plus quel chemin prendre pour aller à la fontaine Saint-Philippe. De petits bergers, qui mènent paître leurs troupeaux de vaches, de moutons et de chèvres, nous l'indiquent complaisamment. Nous prenons donc notre chemin vers le sud-ouest. Après avoir fait environ 4 kilomètres, tantôt dans les montagnes, tantôt dans les vallons, nous arrivons sur le flanc d'une montagne qui regarde le couchant. C'est là que, suivant la tradition, Philippe le diacre joignit l'eunuque, assis sur son char, et lisant le prophète Isaïe. Voici d'ailleurs ce qu'on lit dans les *Actes des*

7

Apôtres. « Or, un Ethiopien, eunuque, l'un des premiers of-
« ficiers de Candace, reine d'Ethiopie, et surintendant de tous
« ses trésors, était venu à Jérusalem pour y adorer Dieu. Il
« s'en retournait, étant assis sur son char et lisant le prophète
« Isaïe. Alors l'Esprit dit à Philippe : Avancez-vous, et appro-
« chez-vous de ce chariot. Aussitôt Philippe accourut ; et
« ayant ouï que l'Eunuque lisait le prophète Isaïe, il lui dit :
« Entendez-vous bien ce que vous lisez ? Il lui répondit : Hé!
« comment pourrais-je l'entendre, si quelqu'un ne me l'ex-
« plique ? Il pria Philippe de monter et de s'asseoir auprès de
« lui (ACT., VIII, 27 et suiv.). »

Le lieu de cette rencontre est marqué par une colonne en
marbre bleuâtre, tacheté de jaune, d'une hauteur d'environ 1
mètre 35 centimètres. Cette colonne est debout. A 300 pas au-
delà, toujours au sud-ouest, se trouve la fontaine. C'est là que
l'eunuque dit à Philippe : « Voilà de l'eau : qui empêche que je
« ne sois baptisé ? Philippe lui répondit : Vous pouvez l'être,
« si vous croyez, de tout votre cœur, les vérités que je viens
« de vous annoncer. Il lui répondit : Je crois que Jésus-Christ
« est le fils de Dieu. Il commanda aussitôt qu'on arrêtât son
« chariot, et ils descendirent tous deux dans l'eau, et Philippe
« baptisa l'eunuque (ACT., VIII, 36, etc.). »

La source est peut-être un peu plus forte que celle de la fontaine de la Vierge à Saint-Jean-du-Désert. Elle tombe du rocher dans un bassin ; la main de l'homme n'a pas laissé cette
fontaine sans l'orner : une arcade, faite en belles pierres, la
recouvre. Toute l'eau de cette source est peut-être sans
utilité. Pourtant j'ai cru apercevoir, sur le versant de la
montagne opposée, quelques habitations. Du reste, c'est une
contrée tout à fait déserte, c'est le pays des anciens Philistins. En portant la vue du côté du sud-ouest, on ne voit que
des montagnes bleuâtres, fort hautes, et très-rapprochées les
unes des autres. On s'imagine qu'il n'y a pas être qui ait vie
dans ces montagnes. Oh! quel beau pays pour un solitaire qui
dirait un éternel adieu au monde!

: Avant de quitter la fontaine, nous nous y lavons les mains, en souvenir de la régénération de l'Ethiopien. Nous revenons sur nos pas, vers le village dont je viens de parler. De ce village à Beitdjallah, les montagnes ne sont pas fort élevées. Nous marchons presque toujours dans de fertiles vallons, bien plantés d'oliviers, au-dessous desquels nous passons en nous penchant sur nos chevaux, car l'olivier n'a pas le tronc bien haut. Quelques-uns sont si chargés d'olives que leurs branches touchent presque la terre : à cette époque elles sont encore vertes.

A près d'un kilomètre en deçà de Beitdjallah, sur notre route, nous trouvons une belle source que l'on a bien utilisée : on a élevé en pierres de taille une estrade d'environ 5 mètres de longueur, sur 3 mètres 35 centimètres environ de largeur, s'élevant au-dessus du sol d'environ 66 centimètres, ce qui forme un beau lavoir. Là, nous avons trouvé une quinzaine de femmes qui lavaient du linge, et qui faisaient, pour le moins, autant de bruit qu'en font les laveuses de nos contrées.

De cet endroit pour aller à Beitdjallah, il ne faut que dix minutes. Le village est situé sur le haut et sur le versant d'une montagne qui regarde Bethléem, c'est-à-dire le sud. Nous passons tout près du village, en le laissant à notre droite. Je ne sais pas quel est le chiffre de sa population ; mais ce que sais d'une manière certaine, c'est qu'il y a 200 catholiques. Au-dessous du village, du côté de Bethléem, se trouvent une église et un séminaire en construction. Les jeunes séminaristes arabes qui sont actuellement à Jérusalem, viendront l'habiter au printemps prochain. La voute de l'église doit être terminée dans le courant de novembre prochain. Nous y avons trouvé Mgr Valerga, qui était venu visiter les nouvelles constructions. Je me suis longtemps entretenu avec M. Moritain, prêtre du diocèse de Lyon, et actuellement curé des 200 catholiques de Beitdjallah. C'est lui qui a donné le plan et qui dirige les travaux de l'église et du séminaire. Quelques pèlerins et moi, nous sommes montés sur la terrasse de l'église. De là on découvre la mer Morte, et surtout Bethléem qui n'est qu'à 2 ki-

lomètres, au midi. L'église est placée comme celles d'Europe ;
la grande porte regarde le couchant. Sur la pente de la montagne qui fait face à la grande porte de l'église, se trouve un
bel établissement que les Grecs schismatiques ont volé aux
catholiques. Il y a beaucoup de Grecs à Beitdjallah.

Au-devant de l'église est une carrière d'où l'on extrait les
pierres pour la construction de l'église et du séminaire ; c'est
une tradition constante parmi les Arabes de Beitdjallah, m'a
dit M. Moritain, que cette carrière occupe l'endroit même où
Gédéon offrit un sacrifice, et où s'opéra le double miracle de la
toison. S'il en est ainsi, Beitdjallah est donc l'ancienne Ephra
de l'écriture. Voici d'ailleurs ce qui est rapporté au livre des
Juges.

« Or, l'ange du Seigneur vint s'asseoir sous un chêne qui
« était à Ephra, ville de la demi-tribu de Manassé, en deçà
« du Jourdain, et qui appartenait à Joas, père de la famille
« d'Ezri. Et Gédéon, son fils, était occupé alors à battre son blé
« dans le pressoir, pour se sauver ensuite, avec son blé, des
« incursions des Madianites. L'ange du Seigneur apparut donc
« à Gédéon, et lui dit : Le Seigneur est avec vous, ô le plus
« fort des hommes..... Allez dans cette force dont vous êtes
« rempli, et vous délivrerez Israël de la puissance des Madia-
« nites..... Sur quoi Gédéon repartit : Si j'ai trouvé grâce de-
« vant le Seigneur, faites-moi connaître par un signe que
« c'est vous qui parlez à moi..... Gédéon dit encore à l'ange :
« Ne vous retirez pas de moi, jusqu'à ce que j'apporte un sa-
« crifice..... Etant donc entré chez lui, il fit cuire un che-
« vreau, et fit d'une mesure de farine des pains sans levain.
« Etant retourné vers l'ange, qui se tenait sous le chêne, il
« mit le tout sur une pierre..... Aussitôt il sortit un feu de la
« pierre, qui consuma la chair et les pains sans levain.....
« Gédéon éleva en ce même lieu un autel au Seigneur»
(JUD., VI), pour lui offrir des sacrifices imparfaits. Maintenant il y a un autel sur lequel on n'offre plus des boucs et des
moutons, mais Jésus-Christ, l'agneau sans tache.

Gédéon pour s'assurer que Dieu l'avait choisi pour combattre les Madianites, les Amalécites et les peuples d'orient, lui demanda deux prodiges. « Je mettrai, dit-il dans l'aire
« cette toison, et si, toute la terre demeurant sèche, la rosée
« ne tombe que sur la toison, je reconnaîtrai par là que vous
« vous servirez de moi pour délivrer Israël. Ce que Gédéon
« avait proposé arriva ; car, s'étant levé de grand matin, il
« pressa la toison et remplit une tasse de la rosée qui en
« sortit..... Gédéon dit encore à Dieu: Je vous prie, Seigneur,
« que toute la terre soit trempée de rosée, et que la toison de-
« meure sèche. le Seigneur fit, cette nuit-là même, ce que
« Gédéon avait demandé. La rosée tomba sur toute la terre, et
« la toison demeura sèche (Jud. vi). »

Voilà ce que dit l'Écriture et ce que la tradition conserve à Beitdjallah. Alors, je considérai ce village et ses environs avec une nouvelle attention et avec un nouveau plaisir. C'était le 11 septembre, vers dix heures du matin, que nous étions dans ce village, lesquel est au sud-ouest, et à environ 8 kilomètres de Jérusalem.

§ XIV

Excursion à Bethléem.

Bethléem, comme je l'ai déjà dit, est directement au sud et à 8 ou 9 kilomètres de Jérusalem.

Pour aller de Jérusalem à Bethléem, on pourrait sortir par la porte de Sion, mais il faudrait descendre dans la profonde vallée de Gehenne, et gravir la montagne opposée (la montagne de Saint-Philippe). Il est bien plus commode de sortir par la porte de Jaffa ; par cette direction, on a à sa gauche la montagne du Calvaire. Au lieu de suivre le chemin de Saint-Jean-du-Désert, on prend à gauche, et l'on contourne une partie de la vallée de Gehenne ; ensuite on entre dans une plaine fertile et bien cultivée. A 1 kilomètre environ de la Ville-Sainte, à main gauche, dans la plaine, et à 200 pas du chemin de Bethléem, on voit une tour que l'on nomme la tour de Siméon: on veut sans doute parler du saint vieillard Siméon, lequel s'étant trouvé dans le temple, le jour de la Purification de la sainte Vierge, prit l'enfant Jésus entre ses bras, et prononça cet admirable cantique que l'Église répète tous les jours dans son office de complies. « C'est maintenant, Seigneur, que vous « laisserez mourir en paix votre serviteur selon votre parole, « puisque mes yeux ont vu le Sauveur que vous nous donnez (Luc., ii, 29-30). »

Il est hors de doute que cette tour ne remonte pas au temps de Jésus-Christ, car elle paraît presque en son entier. Les murs peuvent avoir de 5 à 7 mètres de hauteur. Peut-être, après l'avoir bâtie, l'aura-t-on dédiée au saint vieillard dont elle porte le nom.

A 1 kilomètre de la tour de Siméon, on trouve au milieu du chemin une fontaine entourée de grosses pierres brutes, que l'on appelle la fontaine des Rois. Sa source doit être forte, car la surabondance de l'eau forme un ruisseau le long du chemin. Cette fontaine est appelée la fontaine des Rois, probablement parce que les Mages qui étaient venus adorer l'enfant Jésus, s'arrêtèrent là pour faire boire leurs dromadaires. Ils partaient de Jérusalem, c'était le chemin qu'ils devaient naturellement suivre pour aller à Bethléem.

A peu de distance de là, on entre dans le désert de Bersabée; le chemin devient pierreux, mais on n'a plus à gravir de montagnes. Sur la gauche, et à environ 300 pas du chemin, est situé un beau couvent de Grecs schismatiques; nous ne manquons pas de le visiter. L'église n'est pas grande, mais elle est bien décorée. A main gauche, tout près du maître-autel, on voit un grand tableau adossé à la muraille, représentant deux personnages; l'un, le prophète Elie couché et endormi sous un genièvre; l'autre, le même prophète qui semble dire ces mots à Achab : « Ce n'est pas moi qui ai troublé Israël, mais c'est vous-même, et la maison de votre père, lorsque vous avez abandonné le commandement du Seigneur, et que vous avez servi Baal. *Non ego turbavi Israel, sed tu* (III REG., XVIII, 18). »

Comme j'aime toujours à mêler à mes souvenirs les paroles de l'Ecriture, je vais rapporter l'histoire.

« Jezabel, femme d'Achab, roi d'Israël, ayant menacé Elie
« de le faire mourir, il s'en alla partout où son esprit le portait;
» et étant venu à Bersabée, en Juda, il renvoya son serviteur.
« Il fit dans le désert une journée de chemin : et étant venu
« sous un genièvre.... il se jeta par terre, et s'endormit à
« l'ombre de ce genièvre. En même temps un ange le toucha
« et lui dit : Levez-vous et mangez. Elie regarda, et il vit au-
« près de sa tête un pain cuit sous la cendre et un vase d'eau.
« Il mangea donc, et il s'endormit encore. L'ange du Seigneur,
« revenant la seconde fois, le toucha et lui dit : Levez-vous et
« mangez ; car il vous reste un grand chemin à faire. S'étant
« levé, il mangea et il but; et s'étant fortifié par cette nourriture,
« il marcha quarante jours et quarante nuits, jusqu'à Horeb,
« la montagne de Dieu » (III REG., ch. 19). »

Il est inutile de faire remarquer que cette nourriture d'Elie était le symbole de la divine Eucharistie, qui nous soutient dans le désert de cette vie, jusqu'à ce qu'enfin nous arrivions à la montagne de Dieu, qui est le ciel.

En traversant ce désert, je jetai les yeux çà et là pour voir si je n'apercevrais point non pas le genévrier d'Elie, mais quelqu'autre, provenu de ses graines ou de ses racines. Mais, à l'exception de quelques oliviers et figuiers, je n'ai pas vu d'autres arbres. On aime toujours à se reporter aux temps anciens, surtout quand on voit quelque chose qui en rappelle le souvenir.

Nous quittons le couvent de Bersabée pour reprendre le chemin de Bethléem. A peu de distance du couvent, nous descendons une montagne d'une pente assez douce, mais tellement remplie de grosses pierres roulantes que nos chevaux ne vont qu'en trébuchant. C'est la seule montagne que l'on trouve de Jérusalem à Bethléem; il serait donc facile de construire, et à

peu de frais, un beau chemin, pour y faire rouler une calèche ;
mais il faudrait en fabriquer sur place ou en faire venir de
France : car à Jérusalem, et dans les contrées que j'ai parcou-
rues, je n'ai pas vu la moindre voiture ; pas même de ces voitures à une roue que l'on nomme *civière*. Tout le transport se
fait sur des chameaux et sur des dromadaires. Aussi les voit-
on par longues files dans le désert, et comme par troupeaux
dans la ville de Jérusalem.

A 1 kilomètre en deçà de Bethléem, à notre main droite et
sur le bord du chemin que nous suivons, nous trouvons le sépulcre de Rachel. Ce monument est bien conservé : il peut
avoir de 5 à 7 mètres en carré, sur autant de hauteur ; il est
construit en belles pierres blanches, qui m'ont paru être une
espèce de tuffeau dur.

D'après l'Écriture sainte, le sépulcre de Rachel doit être à
l'extrémité sud de la tribu de Benjamin ; ce qui désigne bien
le monument dont je parle.

Voici ce qu'on y lit : « Lorsque vous m'aurez quitté aujour-
« d'hui, disait Samuel à Saül, vous trouverez deux hommes
« près le sépulcre de Rachel, sur la frontière de Benjamin,
« vers le midi (I Reg., x, 2). » Saül venait de Ramatha, qui est
au nord de Bethléem.

Voici encore une autre preuve. « Après que Jacob fut parti
« de Bethléem, il vint, au printemps, sur le chemin qui mène
« à Ephrata (Bethléem), où Rachel étant en travail, et ayant
« grande peine à accoucher, elle se trouva au péril de sa vie. La
« sage femme lui dit : Ne craignez point, car vous aurez encore
« ce fils-ci. Mais Rachel qui sentait que la violence de sa dou-
« leur la faisait mourir, étant prête d'expirer, nomma son fils
« Benoni, c'est-à-dire le *fils de ma douleur*, et le père le
« nomma Benjamin, c'est-à-dire le *fils de la droite*. Rachel
« mourut donc; elle fut ensevelie dans le chemin qui conduit
« à Ephrata, appelée Bethléem. Jacob dressa un monument de
« pierre sur son sépulcre, et c'est ce monument de Rachel que
« l'on voit encore aujourd'hui (Gen., xxxv, 16 et suiv.). »

Le monument que j'ai visité n'est sans doute pas celui que dressa Jacob. C'en est un autre, érigé dans des temps bien postérieurs, mais probablement sur l'emplacement du premier.

Bethléem, il est vrai, était dans la tribu de Juda. Néanmoins les enfants de Bethléem et des environs, qui furent massacrés parHérode, sont appelés enfants de Rachel. Mais la tribu de Benjamin fut mélangée et demeura avec la tribu de Juda ; c'est ce qui a fait dire au Prophète : Rachel pleure ses enfants, etc. (Jerem. XXXI, 15).

Nous approchons de Bethléem ; déjà nous apercevons la cité de David. Avant d'entrer dans la ville, nous avons à notre gauche, et à 25 pas du chemin, la citerne du saint Roi, que nous ne manquons pas de visiter ; probablement qu'elle n'est plus ce qu'elle était autrefois, car nous n'avons trouvé que deux cavités bien délabrées, très-rapprochées l'une de l'autre, d'une profondeur d'environ 1 mètre, et sans eau.

Voici ce que dit l'Écriture au sujet de cette citerne. « David « était caché dans la caverne d'Odollam ; c'était au temps de « la moisson, et les Philistins étaient campés, dans la vallée « des Géants (probablement dans la vallée qui sépare la ville « de la citerne) et ils avaient mis des gens dans Bethléem. « David, pressé de la soif, dit à trois de ses braves : Oh ! si « quelqu'un me donnait à boire de l'eau de la citerne qui est à « Bethléem, près de la porte ! *O si quis mihi daret potum* « *aquæ de cisternâ quæ est in Bethleem juxta portam !* « (II Reg. XXIII, 15). » Sur quoi saint Ambroise dit : David ne soupirait pas après l'eau de la citerne, mais après le sang de Jésus-Christ qui devait racheter le monde. *Non sitiebat aquarum elementum, sed sanguinem Christi* (*S. Ambr. ap. in David*).

Je ne sais ce qu'était Bethléem au temps de David : mais maintenant, de la citerne aux premières maisons, il y a une certaine distance, et pourtant l'Écriture dit : *juxta portam.*

Il est 10 heures du matin lorsque nous entrons dans Bethléem. Nous traversons toute la ville, de l'ouest à l'est pour nous rendre au couvent des PP. Franciscains, où nous devons loger. Il est situé à l'extrémité de la ville, à l'orient·

Bethléem occupe tout le sommet d'une petite montagne, excepté vers l'orient, du côté du champ des Pasteurs. Tout autour, ce sont des vallons profonds dans lesquels il y a des oliviers, de même que sur les montagnes qui environnent la ville. Après m'être reposé un peu, ma première démarche fut d'aller à l'église, qui touche le couvent, pour adorer Dieu et pour le remercier de m'avoir accordé la grâce de voir Bethléem. Mais mes yeux et mon cœur recherchent un autre lieu, c'est l'étable de la naissance de l'enfant Jésus ou, comme on dit à Bethléem, la sainte Grotte.

§ XV

La sainte Grotte ou l'étable de Bethléem.

Presque au bas de l'église, à main droite, on trouve un escalier en marbre, de dix à douze marches; c'est par là que l'on descend à la sainte Grotte. Dans mon empressement irréfléchi, je m'acheminai imprudemment à descendre cet escalier sans lumière; mais un P. Franciscain, prévoyant le danger que je courais de culbuter du haut au bas, vint à moi avec une bougie à la main; je descendis alors commodément, et j'arrivai au saint Lieu. D'ailleurs, au milieu de l'obscurité qui y régnait, je fus heureux de l'avoir pour me désigner tout ce qu'il y a de remarquable dans cette sainte Grotte.

La grotte est appellée dans l'Évangile l'*Etable de Bethléem*, probablement parce qu'on y rassemblait les bestiaux. C'est peut-être à cette circonstance qu'Isaïe fait allusion. « Le bœuf connaît celui à qui il appartient, et l'âne l'étable de son maître. *Cognovit bos possessorem suum et asinus præsepe domini sui* (Is. i,3). »

Je ne puis dire exactement quelle est la dimension de la Grotte, parce qu'il y a plusieurs espaces séparés les uns des autres par le rocher. Cependant il existe des issues de communication. Le lieu de la naissance de l'enfant Jésus n'a pas plus de cinq à six pas de diamètre. A main gauche, et presqu'au bas de l'escalier, est le lieu même de la naissance du Sauveur. Il y a là un petit autel qui appartient aux Grecs schismatiques, qui ne permettent pas aux Latins d'y célébrer la sainte Messe. Je crois qu'il appartenait aux Latins il y a quelques années, ils en sont dépossédés aujourd'hui. Une planche en marbre, soutenue en devant par deux petites colonnettes, forme la table de l'autel, *Mensa altaris*. Sous cet autel, et au milieu, se trouve une cavité ronde, creusée dans une pierre de marbre noir, d'un diamètre de 22 centimètres environ et de 5 centimètres de profondeur, qui marque le lieu précis de la naissance du divin Enfant. Autour de cette cavité, sont gravés sur le cuivre ces mots :

HIC DE MARIA VIRGINE

JESUS CHRISTUS NATUS EST.

—

ICI EST NÉ JÉSUS-CHRIST

DE LA VIERGE MARIE.

A main droite, et tout à côté de l'autel de la naissance de l'enfant Jésus, se trouve un tout petit autel que l'on nomme l'autel de l'Adoration des Mages. C'est donc là qu'ils étaient prosternés pour adorer l'Enfant, et pour lui offrir leurs présents. « Et entrant dans la maison au-dessus de laquelle l'étoile s'était arrêtée, » dit l'Évangile : « ils trouvèrent l'Enfant avec Marie sa mère; et se prosternant ils l'adorèrent : puis ouvrant leurs trésors, ils lui offrirent, pour présents, de l'or, de l'encens et la de myrrhe. *Et apertis thesauris suis, obtulerunt ei munera, aurum, thus et myrrham* (MATTH. II, 11). » Une étoile est placée au-dessus de l'autel, symbole de celle qui guida les Mages jusqu'à Bethléem. C'est à cet autel que j'ai célébré la sainte Messe. Pendant mon séjour à Bethléem, je ne manquai pas d'aller faire mon action de grâces dans le lieu où j'avais eu le bonheur de célébrer. Je trouvai là un prêtre grec qui disait la Messe à l'autel de la Naissance ; il m'a édifié par son recueillement.

Supposez-vous placé en face de l'autel de la Naissance, à trois pas derrière vous est la saintecrèche. On y descend par un escalier de deux marches en marbre, qui ont à peine 5 centimètres de hauteur. La vraie crèche, comme on le sait, est à Rome ; mais on l'a remplacée à Bethléem par une crèche en marbre. Une cavité d'environ 8 centimètres de profondeur forme comme un petit berceau.

Ce qui frappe jusqu'à l'admiration, c'est la simplicité de ce saint Lieu. Quelques tapis, que l'on pourrait comparer aux langes du Sauveur, recouvrent les parois du rocher. La ligne perpendiculaire de la crèche au rocher est si courte, que l'enfant Jésus allongeant ses petits bras aurait, pour ainsi dire, touché le rocher. Des lampes et des cierges brûlent continuellement dans ce saint Lieu. Je pense que les cierges sont donnés par les catholiques de Bethléem, comme font les pieux fidèles de nos contrées, qui brûlent des cierges devant les autels de nos églises. Comme je m'empressais de recueillir des gouttes de cire, un P. Franciscain me donna un bout d'un de ces cierges, que j'ai rapporté, et dont j'ai fait présent à une pieuse mère, qui, m'a-t-elle dit, l'unira à celui de sa petite fille lors de sa première communion.

Quand on parle d'une église pauvre, on dit : c'est l'étable de Bethléem. A part la propreté, rien, en effet, que de simple, que de pauvre dans cette sainte Grotte. C'est pourtant là qu'est né le maître du ciel et de la terre ! le Roi des anges et des hommes ! c'est là que Marie fut obligée de se retirer, parce qu'il n'y avait point de place dans l'hôtellerie ? *Quia non erat eis locus in diversorio* (Luc., II, 7). C'est là qu'elle mit au monde son fils premier-né, qu'elle l'enveloppa de langes et qu'elle le coucha dans une crèche. *Peperit filium suum primogenitum et pannis eum involvit. et reclinavit eum in præsæpio* (Luc., II, 7).

Du lieu de la Naissance, on passe, vers le sud, dans un endroit qui fait partie de la Grotte, et toujours sous le rocher ; là se trouvent les tombeaux de saint Jérôme, des saints Innocents, de saint Paul et de sainte Eustochie ; à l'extrémité est un escalier par où l'on monte à l'église des Grecs.

L'église des Franciscains, qui est dédiée à sainte Catherine de Sienne, est grande et propre, mais sans luxe de décoration.

Dans l'après-midi, nous nous rendons à la sacristie avec les Pères; on nous met un cierge à la main avec un livre; ensuite nous faisons une procession dans l'église et à la sainte Grotte, semblable à celle que nous avions faite à Jérusalem dans l'église du Saint-Sépulcre. Je chantais de toutes mes forces, mais ma musique n'était pas merveilleuse, parce que je ne connaissais pas bien le ton de leurs hymnes. Après la procession, je voulais rendre le cierge ; mais les Pères me dirent que je pouvais le garder. Je l'ai rapporté; je le conserve, afin qu'il m'éclaire à mon dernier soupir.

Comme nous étions à Bethléem, il y avait une réunion pour une conférence de Saint-Vincent-de-Paul (car nous avons passé un jour et demi à Bethléem). Un P. Franciscain, qui la présidait, nous proposa de l'y accompagner, ce que j'acceptai avec trois autres pèlerins; elle se composait de huit ou dix Arabes. En entrant, nous les trouvâmes assis sur des tapis. Tous se levèrent et nous baisèrent la main. La conférence eut lieu d'abord en arabe, puis elle fut traduite en français par le P. Franciscain. Elle fut terminée par le *Sub tuum præsidium*. Sans nous connaître, ces bons Arabes avaient l'air de nous affectionner. Il va sans dire qu'il nous fallut délier notre bourse pour cette bonne œuvre.

En jetant les yeux autour de l'appartement où nous étions, j'aperçus à la voûte un bouquet d'épis de blé entrelacés les uns dans les autres. Un Arabe, qui s'aperçoit que je désire en avoir, fait un bond et décroche le bouquet : il me l'offre; mais c'était trop, je le partage avec les autres pèlerins. En ramassant mes épis, je me rappelai ces paroles de saint Grégoire, pape. « Il naît à Bethléem (Le Sauveur); car Bethléem signifie « maison de pain. *In Bethleem nascitur : Bethleem quippe « domus panis interpretatur* (Hom. 8 in Evang.). »

Comme l'appartement où nous nous trouvions occupe le point culminant de la montagne : je pus, de là, contempler les environs de Bethléem, au sud. Ce sont partout des montagnes et de beaux vallons, remplis d'oliviers ; montagnes et vallons où David avait souvent guerroyé avec les Philistins.

En sortant de là, nous allâmes faire visite aux sœurs françaises de Saint-Joseph, qui font l'école aux petites Arabes de Bethléem. Ces bonnes sœurs furent heureuses de voir de leurs compatriotes, aussi nous reçurent-elles avec toute la cordialité que nous pouvions désirer. De leur maison nous contemplions les environs nord de Bethléem. Là je vis encore, non pas des épis de blé, mais des branches de palmier attachées autour de l'appartement. Nouvelle envie, mais aussi nouvelle satisfaction. Une bonne sœur se met à les détacher et nous les offre; c'étaient des palmiers bénits, qui avaient servi à la procession des Rameaux de cette année 1856 : circonstance qui me les fit apprécier encore davantage. J'en ai rapporté, et je les conserve avec soin.

Comme nous visitions la classe, je vis une petite Arabe, d'environ dix ans, qui était restée seule; elle était en punition, sans doute. Je demandai sa grâce, et je crois qu'elle lui fut accordée.

§ XVI

Piscines de Salomon.

Il ne s'agit plus de faire des promenades dans la jolie petite ville de Bethléem, il faut monter à cheval pour aller visiter les piscines de Salomon, qui se trouvent à 5 kilomètres, à l'ouest de Bethléem. Ce sont de grands réservoirs creusés dans le roc, destinés à recevoir les eaux pluviales que des aqueducs conduisaient à Jérusalem. Un Anglais s'est établi là avec toute sa famille; il cultive un beau jardin, dont il porte les fruits et les légumes sur les marchés de Bethléem et de Jérusalem. Cela suffit pour les besoins de toute la famille. Il nous a offert des pêches, des figues, des oranges, que nous avons acceptées; mais pour le prix desquelles nous n'avons jamais pu lui faire recevoir la moindre obole : notre visite paraissait le dédommager de toutes les prévenances qu'il a eues pour nous. Quand on est en pays étranger, on est de suite frère ou ami, sans distinction de nation.

Cet Anglais a, je crois deux garçons, dont un, médecin, exerce son art dans le pays; l'autre est allé chercher fortune ailleurs. Il a aussi quatre filles, pour lesquelles il a pris chez lui une institutrice qui fait leur éducation. Son jardin et sa chasse fournissent aux besoins de tout son monde, car s'il manie bien la bêche, il ne manie pas moins bien le fusil; cet exercice est, nous disait-il, un délassement pour lui, quand il est fatigué de remuer la terre.

Ce jardin est semblable au jardin fermé dont Salomon parle au livre des *Cantiques*, et qu'il compare à son épouse bien-aimée. « Ma sœur, mon épouse, dit-il, est comme un jardin fermé, un jardin délicieux, plein de pommes de grenades, et de toutes sortes de fruits de Chypre et de nard. « *Hortus conclusus soror mea sponsa* (CANT., IV,12). »

A quelques centaines de pas au-dessus des piscines, on voit une petite ouverture par laquelle on a peine à descendre dans un souterrain voûté. C'est là, nous a-t-on dit, que se trouvait la fontaine Scellée, dont parle encore Salomon au même livre des *Cantiques*. *Fons signatus* (CANT.,IV ,12).

Après avoir remercié notre hôte du bon accueil qu'il nous fit, nous remontâmes à cheval, pour reprendre le chemin de Bethléem.

§ XVII

Champ des Pasteurs.

Il n'y avait guère plus d'une heure que le soleil montait à l'horizon : j'aurais souhaité que le père réfectorier du couvent nous eût dit, comme autrefois l'ange au Prophète Elie : « Prenez de la nourriture, car il vous reste du chemin à faire ». Soit que le dîner ne fut pas prêt, soit qu'on voulût nous faire partager les fatigues qui sont la vie ordinaire des bons Pères, il fallut partir, malgré les cris répétés de notre estomac, pour visiter le champ des Pasteurs. Cette fois, pour surcroît de mortification, nous n'avons plus un cheval et c'est à pied qu'il faut faire ce trajet. Malgré cela, nous nous hâtons, à l'exemple des bergers qui vinrent à la crèche pour adorer l'enfant Jésus.

Le champ des Pasteurs est à trois kilomètres environ de Bethléem, au sud-est.

En sortant de Bethléem, à main droite, et à 300 pas environ des dernières maisons de la ville, se trouve la grotte du Lait, elle est éloignée du sentier d'environ 50 pas. Cette grotte est peut-être ainsi appelée, parce que le rocher, tendre comme du tuffeau, et la poussière que l'on foule, sont d'une blancheur de lait.

La tradition de Bethléem, tradition qui nous a été racontée par le P. Franciscain qui nous accompagnait, est, que la sainte Vierge, son divin Enfant, et saint Joseph étaient toujours restés dans l'étable. Mais saint Joseph, ayant été averti par l'ange qu'Hérode cherchait l'enfant Jésus pour le faire mourir, se disposa à sortir de Bethléem. « Prenez l'enfant et sa mère, lui dit l'ange, et fuyez en Égypte (Matth., ii,13). »

Saint Joseph, craignant que son précieux trésor ne fût enlevé par les émissaires d'Hérode, sortit aussitôt de l'étable pour chercher les montures et les provisions nécessaires pour le voyage. La sainte Vierge, se voyant seule avec son divin enfant, et craignant toujours d'être surprisé, sortit elle-même avec l'enfant Jésus, et alla se réfugier dans la grotte du Lait.

Indépendamment de la blancheur du rocher, qui aura pu faire donner à cette grotte le nom de grotte du Lait, voici encore la tradition de Bethléem. La frayeur que la sainte Vierge avait éprouvée fit une telle impression sur elle, que son lait coula naturellement de son sein virginal. On dit encore que, craignant que son lait ne se fût corrompu par cette crainte, elle le fit couler avant de le donner à son divin enfant. S'il n'y a rien de vrai en tout cela, tout au moins c'est édifiant.

La grotte du Lait peut avoir six ou huit pas de diamètre. Dans l'enfoncement il y a un autel, au-dessus duquel brûlent deux ou trois lampes. Ce sanctuaire appartient exclusivement aux Grecs. Avant d'en sortir, je n'ai pas manqué d'adresser une prière à la bonne Mère

L'entrée de la grotte du Lait regarde le nord.

Au sortir de la grotte, nous reprenons notre sentier sur la montagne : mais, après quelques centaines de pas, nous arrivons sur le versant est, qui n'est pas très-commode pour des jambes d'une soixantaine d'années. A main droite, sur la pente et tout près du sentier, on voit les ruines ou plutôt l'emplacement d'une maison, laquelle, nous a-t-on dit, appartenait à saint Joseph, époux de la très-sainte Vierge. Au pied d'un olivier, se trouve une petite citerne, où l'on conservait l'eau pour les besoins de la maison.

Au bas de la montagne, nous entrons dans le champ des Pasteurs, ou plutôt dans le champ de Booz, et mieux encore dans la plaine de Booz ; car ce champ n'a pas moins d'un kilomètre et demi de longueur, et presque un kilomètre de largeur. Le champ des Pasteurs est, à la vérité, dans le champ de Booz, mais, presqu'à l'extrémité, au sud-est.

En parcourant ce champ, nous voyons, à 600 pas environ à l'est, le village de Booz, situé sur un petit monticule; ce village ne m'a paru composé que de quelques maisons.

Bethsaour, ou le village des Pasteurs, est à l'opposé du village de Booz, c'est-à-dire au sud-ouest. Il est situé sur le versant d'une montagne abrupte. Le bas de la montagne fait la limite du champ de Booz, de ce côté-là. Nous ne l'avons point visité, mais nous passâmes assez près pour le bien apercevoir. Il est beaucoup plus gros que le village de Booz. C'est dans ce village, d'après la tradition, que demeuraient les bergers qui furent avertis par un ange de la naissance du Sauveur.

Malgré ma fatigue, rien, pour ainsi dire, n'a échappé à mes observations.

Le champ des Pasteurs proprement dit est presqu'à l'extrémité de la plaine de Booz, il occupe à peine une superficie de 20 ares. Il est entouré d'un mur de la hauteur de 1 mètre environ. Ce sont de grosses pierres brutes sans mortier, je crois que la main du maçon le moins habile n'y a jamais travaillé. Il y a des oliviers autour et au dedans du champ des Pasteurs, qui forment comme une oasis dans la plaine de Booz, car partout ailleurs elle en est dépouillée ; du reste, c'est un terrain très-fertile.

L'entrée du champ des Pasteurs est à l'angle sud-ouest. Presqu'au milieu de ce champ se trouve l'entrée, du côté du sud, d'une profonde grotte, où se retiraient probablement les bergers pendant la nuit ; on y descend par un escalier de sept ou huit marches toutes dégradées, après quoi on arrive dans un grand espace où le rocher apparaît à nu de tous côtés. Ensuite, en tournant à droite vers l'orient, on descend quatre autres marches, en aussi mauvais état que les premières, et l'on a devant soi un autre espace d'un diamètre d'environ six pas. Il y a là un autel, en assez bon état pour y célébrer la sainte Messe. Ce sanctuaire appartient aux Grecs. Tout autour, les parois du rocher sont couvertes de petits cadres, représentant, je pense, des sujets de piété. Je dis je pense, car la lumière du jour pénètre peu dans cette grotte, et d'ailleurs, au moment où nous y étions, le soleil venait de se coucher.

Ce qui m'a le plus frappé dans ce sanctuaire, ce sont deux lampes suspendues au rocher et au-devant de l'autel, lesquelles brûlent continuellement, je crois. Voici les raisons de mon étonnement. Ce lieu est solitaire, à 4 kilomètres environ de Bethléem, à 2 kilomètres du village de Booz et presque autant du village des Pasteurs. Si la convoitise des Grecs pour dépouiller les catholiques de leurs sanctuaires n'y était pas pour quelque chose, on dirait vraiment qu'ils ont un grand zèle.

Quand nous fûmes remontés dans le champ des Pasteurs, nous nous assîmes quelques instants sur de grosses pierres, à défaut de canapé. Je ne sais à quoi pensaient les bons pèlerins. Pour moi, je me reportais à la nuit de la naissance du Sauveur, en me rappelant ces paroles de l'Evangile : « Or, il y « avait là, aux environs, des bergers qui passaient la nuit dans « les champs, veillant tour à tour à la garde de leur troupeau « Et tout d'un coup un ange du Seigneur se présenta à eux ; « et une clarté céleste les environna : ce qui les remplit d'une « grande frayeur. Mais l'ange leur dit : Ne craignez point : « car je vous apporte une nouvelle qui sera pour tout le peuple « d'Israël le sujet d'une grande joie. C'est qu'aujourd'hui, dans « la ville de David, il vous est né un Sauveur, qui est le Christ, « le Seigneur. Et voici la marque pour le reconnaître : Vous « trouverez un enfant enveloppé de langes et couché dans une « crèche C'est cet Enfant qui est le fils de David, et le Messie « que vous attendez depuis si longtemps. Au même instant il « se joignit à l'ange une troupe de l'armée céleste, louant « Dieu, et disant : Gloire à Dieu au plus haut des cieux, et paix « sur la terre aux hommes de bonne volonté (Luc., ii). » Ce que je récitai moi-même de grand cœur.

Oh ! me disais-je, c'est donc dans le lieu où je suis que les bergers se trouvaient lorsque l'ange leur fit entendre les premières paroles de ce cantique céleste que je récite si souvent à la sainte Messe ! Plaise à Dieu qu'elles fassent sur mon cœur la même impression qu'elles firent sur celui des pieux bergers !

Il me semblait entendre ces saints bergers se dire l'un à l'autre : « Passons jusqu'à Bethléem, et voyons ce qui est arrivé et ce que le Seigneur nous a fait connaître (Luc., ii). »

Comme nous sortions du champ des Pasteurs, je me tournai vers le sud, pour considérer une montagne dont je n'étais éloigné que de quelques centaines de pas. Sa hauteur, son escarpement me frappèrent. M. Scimbri, notre drogman, se trouvait auprès de moi. Je lui demandai le nom de cette montagne. Il me dit que c'était la montagne d'Engaddi. Je me trouvais heureux de pouvoir examiner de près cette montagne : car c'est dans une de ses cavernes que David était caché avec ses gens, lorsque Saül entra dans une autre partie de cette même caverne. Saül était seul ; par conséquent David pouvait tuer là son ennemi, qui cherchait à lui ôter la vie. Ses gens l'y excitaient. « Dieu me garde, dit David, de mettre la main sur lui, puisqu'il est le christ, l'oint du Seigneur (I Reg., XXIV). »

L'Ecriture parle d'Engaddi comme d'une montagne fertile en vignes. « Mon bien-aimé est pour moi une grappe de raisin de Chypre, cueillie dans les vignes d'Engaddi, » dit l'épouse des Cantiques. *Botrus Cypri dilectus meus mihi in vineis Engaddi* (Cant., I,13). Le versant nord que je considérais en est entièrement dépourvu : peut-être y en a-t-il sur le côté sud. Au reste, depuis le temps de Salomon, la Palestine a bien changé de face.

En traversant le champ de Booz pour retourner à Bethléem, nous trouvâmes des Arabes avec une femme, qui vannaient du dourah (du millet). Cette circonstance me rappela l'histoire de Ruth, que j'avais lue bien des fois avant mon pèlerinage. Pour ma propre satisfaction, je vais la consigner parmi mes souvenirs.

« Dans le temps qu'Israël était gouverné par des juges, il
« arriva sous le gouvernement de l'un d'eux une famine dans
« le pays, pendant laquelle un homme de Bethléem, ville de
« Juda, s'en alla faire un voyage au pays des Moabites, avec
« sa femme et ses deux fils, pour y trouver de quoi subsister.
« Cet homme s'appelait Elimelec, et sa femme Noëmi. L'un
« de ses fils s'appelait Mahalon, et l'autre Chélion, et ils
« étaient de Bethléem de Juda. Etant donc venus au pays des

« Moabites, ils y demeurèrent. Elimelec, mari de Noëmi, mou-
« rut quelque temps après, et elle demeura avec ses deux
« fils, qui prirent pour femmes des filles de Moab, dont l'une
« s'appelait Orpha et l'autre Ruth. Après avoir passé dix ans
« en ce pays-là, ils moururent tous deux, savoir : Mahalon et
« Chélion ; et Noëmi demeura seule, ayant perdu son mari et
« ses deux enfants.

« Noëmi résolut de retourner dans son pays ; parce qu'elle
« avait appris que le Seigneur avait regardé son peuple. Ses
« deux belles-filles voulurent l'accompagner. Noëmi, après
« être sortie avec elles de la terre étrangère, et étant déjà en
« chemin pour retourner au pays de Juda, leur dit : Retournez
« chez vous, mes filles ; que le Seigneur use de sa bonté en-
« vers vous, comme vous en avez usé envers ceux qui sont
« morts et envers moi. Elle les baisa ensuite ; et ses deux
« belles-filles se mirent à éclater en pleurs et à dire : Nous
« irons avec vous, vers ceux de votre peuple. Noëmi leur dit
« encore : Non, mes filles, ne faites point cela ; car votre
« affliction ne fait qu'accroître la mienne, et la main du Sei-
« gneur s'est appesantie sur moi. Après ces observations de
« Noëmi, Orpha baisa sa belle-mère et s'en retourna au pays
« de Moab. Mais Ruth s'attacha à Noëmi sans la vouloir
« quitter.

« Noëmi lui dit : Voilà votre sœur qui est retournée à son
« peuple ; allez-vous en avec elle. Ruth lui répondit : Ne
« vous opposez point à moi, en me portant à vous quitter.
« Car, en quelque lieu que vous alliez, j'irai avec vous ; et
« partout où vous demeurerez, j'y demeurerai aussi. Votre
« peuple sera mon peuple, et votre Dieu sera mon Dieu. La
« terre où vous mourrez me verra mourir, et je serai ense-
« velie où vous le serez. Que Dieu me traite dans toute sa
« rigueur, si jamais rien me sépare de vous que la mort seule.

« Noëmi, voyant Ruth dans une résolution si ferme, si dé-
« terminée d'aller avec elle, ne voulut plus s'y opposer, ni
« lui persuader d'aller trouver sa famille. Etant parties en-

« semble, elles arrivèrent à Bethléem, lorsque l'on commen-
« çait à couper les orges.

« Ruth Moabite dit à sa belle-mère : Si vous l'agréez,
« j'irai dans quelque champ, et je ramasserai les épis qui se-
« ront échappés aux moissonneurs, partout où je trouverai
« quelque père de famille qui me témoigne de la bonté.
« Noëmi répondit : Allez, ma fille. Ruth s'en alla donc, et
« elle recueillait les épis derrière les moissonneurs. Or, il
« arriva que le champ où elle glanait appartenait à Booz,
« proche parent d'Elimelec.

« En ce même temps, il arriva que Booz revenait de Be-
« thléem vers ses moissonneurs. Il dit au jeune homme qui
« veillait sur eux : A qui est cette fille? Il répondit : C'est
« cette Moabite qui est venue avec Noëmi du pays de Moab.
« Elle nous a priés de trouver bon qu'elle suivît les moisson-
« neurs pour recueillir les épis qui seraient demeurés ; et
« elle est dans le champ depuis le matin jusqu'à cette heure,
« sans être retournée un moment chez elle.

« Booz dit à Ruth : Écoutez, ma fille, n'allez point dans un
« autre champ pour glaner : mais joignez-vous à mes filles ;
« et suivez partout où l'on fera la moisson ; car j'ai commandé
« à mes gens que nul ne vous fasse aucune peine. Et quand
« vous aurez soif, allez où sont les vaisseaux, et buvez de l'eau
« dont mes gens boivent. Ruth, se prosternant le visage contre
« terre, adora, et dit à Booz : D'où me vient ce bonheur que
« j'aie trouvé grâce devant vos yeux, et que vous daigniez me
« traiter favorablement, moi qui suis une étrangère? Booz lui
« répondit : On m'a rapporté tout ce que vous avez fait à l'é-
« gard de votre belle-mère, après la mort de votre mari, et
« de quelle manière vous avez quitté vos parents, et le pays
« où vous étiez née, pour venir parmi un peuple qui vous était
« inconnu auparavant. Que le Seigneur vous rende le bien que
« vous avez fait.

« Ruth lui répondit : J'ai trouvé grâce devant vos yeux,
« mon seigneur, de m'avoir ainsi consolée, et d'avoir parlé

« au cœur de votre servante, qui ne mérite pas d'être une des
« filles qui vous servent.

« Booz lui dit : Quand l'heure du manger sera venue, venez
« ici, et mangez du pain, et trempez votre morceau dans le
« vinaigre avec mes gens.

« Quand elle eut mangé, elle se leva pour continuer à re-
« cueillir les épis. Or, Booz donna cet ordre à ses gens : Quand
« elle voudrait couper l'orge avec vous, ne l'empêchez pas,
« mais comme elle ne le fera pas ; vous jetterez exprès des
« épis de vos javelles, et vous en laisserez sur le champ, afin
« qu'elle n'ait pas la honte de les recueillir ; et qu'on ne lui
« parle jamais de ce qu'elle aura ramassé.

« Elle glana donc dans le champ de Booz jusqu'au soir, et
« ayant battu avec une baguette, et en ayant tiré le grain, elle
« trouva environ la mesure d'un éphi, c'est-à-dire trois bois-
« seaux. S'en étant retournée chargée à la ville (de Bethléem),
« elle les montra à sa belle-mère. Sa belle-mère lui dit : Où
« avez-vous glané aujourd'hui ? Béni soit celui qui a eu pitié
« de vous. Ruth lui marqua celui dans le champ duquel elle
« avait glané, et lui dit que cet homme s'appelait Booz.
« Noëmi lui répondit : Qu'il soit béni du Seigneur ; car il a
« gardé pour les morts la même bonne volonté qu'il a eue pour
« les vivants.

« Ruth lui dit : Il m'a donné ordre encore de me joindre à
« ses moissonneurs, jusqu'à ce qu'il recueille ses grains. Sa
« belle-mère lui dit : Vous ferez bien d'accepter cette offre ;
« car il vaut mieux, ma fille, que vous alliez moissonner
« parmi les filles de cet homme-là ; de peur que quelqu'un ne
« vous fasse de la peine dans le champ d'un autre. Elle se joi-
« gnit donc aux filles de Booz, et continua d'aller avec elles à
« la moisson, jusqu'à ce que les orges et les blés eussent été
« mis dans les greniers. »

Tout concourait à me rendre cette histoire sensible. Je me
trouvais dans le même champ, à la même heure, et dans le
même mois, que Ruth, après avoir glané, battait son grain

pour l'emporter dans Ephrata, où je me rendais aussi. Et justement il se trouvait là quelques Arabes et une femme, occupés aux mêmes ouvrages. Ne pouvais-je pas m'imaginer voir dans ces hommes les serviteurs de Booz, et dans cette femme la bonne Moabite?

Ruth, qui auparavant se regardait comme au-dessous des servantes de Booz, devint ensuite son épouse. De ce mariage, naquit Obed, père d'Isaï, et aïeul de David. Cette pieuse Moabit a donc été l'aïeule de Jésus-Christ, puisqu'il est né de la lignée de David.

Nous rentrâmes dans Bethléem à la nuit tombante : nous nous rendîmes au couvent des Pères, où j'aurais bien regretté que le dîner eût fait défaut : car mon estomac était aux abois. Mais après le dîner et le repos de la nuit, je me trouvai assez bien le lendemain.

Des hauteurs de Bethléem, on aperçoit, au delà du Jourdain, les montagnes rocailleuses du pays de Moab. Aussi le Prophète, tout rempli du désir de la venue du Messie, disait : « En- « voyez l'Agneau dominateur de la terre, qui doit venir de la « pierre du désert à la montagne de la fille de Sion. *Emitte* « *Agnum dominatorem terræ, de petra deserti ad montem filiæ Sion* (Isa., XVI, 1). »

Bethléem m'a paru une ville bien paisible. Je l'ai parcourue en tous les sens sans, avoir eu à me plaindre de qui que ce soit, excepté des marchands de coquillages de nacre, de croix et de chapelets, qui m'importunaient respectueusement pour avoir le dernier sou de ma bourse, sans se soucier si je ne serais pas obligé de mendier de porte en porte pour revenir en Europe.

Les rues de Bethléem, qui ne sont pas tirées au cordeau, et qui n'ont pour pavé que la poussière, sont encore encombrées çà et là par de gros monceaux de pierre. Malgré tout, Bethléem est un séjour bien agréable pour quiconque aime Jésus naissant.

On dirait que Bethléem n'est pas sous la même atmosphère

que Jérusalem. A Jérusalem, on respire un air de tristesse au souvenir des scènes de la passion et de la mort de notre Seigneur Jésus-Christ. Il est bien difficile de se défaire de cette pensée, puisque à chaque pas que l'on fait, on rencontre des lieux où ce bon Sauveur a souffert : tandis qu'à Bethléem il semble que l'on respire le souffle de l'enfant Jésus : on y est tout occupé des jours de sa divine enfance, on s'imagine qu'il est encore dans la crèche ; ce qui fait éprouver une joie et un bonheur que l'on goûte mieux que l'on n'est capable de l'exprimer. Oh ! qu'une nuit de Noël est belle à Bethléem, que d'émotions viennent inonder le cœur de joie ! Heureux donc ceux qui vivent à Bethléem ; mais plus heureux encore ceux qui marchent dans l'innocence de l'enfant Jésus, qui meurent à eux-mêmes sur le Calvaire, et à leurs mauvais penchants, pour être ensuite transfigurés avec lui sur le Thabor de la céleste Jérusalem !

§ XVIII.

Départ de Béthléem.

Ce fut le 12 septembre, vers quatre heures du soir, que nous partîmes de Bethléem, pour retourner à Jérusalem. Avant mon départ, je ne manquai pas d'aller à la sainte Crèche ; là, je priai pour moi, pour mes paroissiens, pour le diocèse du Mans, pour tous ceux qui s'étaient recommandés à mes prières. Je quittai ce saint Lieu à regret. Tout était prêt, il fallait partir. Peu d'instans après, je sortais de Bethléem, emportant avec moi le plus doux souvenir de la cité de David.

A la différence des Mages, nous retournâmes à Jérusalem par le même chemin que nous étions venus. En passant, je jetai les yeux sur la citerne de David, sur le sépulcre de Rachel, sur le désert de Bersabée, sur le puits des Trois-Rois, sur la Tour du saint vieillard Siméon.

Le soleil avait disparu quand nous entrâmes dans la Ville-

Sainte par la porte de Jaffa. Un Turc à gros ventre, et bien dodu, qui paraissait un fonctionnaire de bas rang, voulut nous chercher chicane, sans doute pour nous extorquer quelques piastres ; mais nous tînmes bon, et il nous laissa passer librement.

A propos des portes de Jérusalem : tous les soirs, à la nuit tombante, elles sont fermées, les gardiens portent les clefs chez le Pacha ; malheur à quiconque arrive trop tard, il est obligé de coucher à la belle étoile. Mais pour peu qu'il connaisse la cupidité des gardiens, il peut se tirer d'affaire. Il frappe à la porte : on lui répond qu'elle est fermée. S'il offre quelques piastres, la porte s'ouvre pour le laisser entrer, eût-il la plus belle calèche de France.

§ XIX.

Un coup d'œil sur Jérusalem.

Jérusalem n'est plus telle que la dépeignent les saintes Ecritures ; la joie, le bonheur semblent en être bannis. Je l'ai parcourue dans tous les sens ; nulle part, je n'ai entendu le son des instruments de musique. Je ne sais si cela tient au caractère des habitants, mais on ne voit pas la moindre gaîté sur les visages, comme on le remarque dans les villes d'Europe. En sorte que l'on peut dire de la Jérusalem actuelle, ce que disait le prophète. « Les rues de Sion pleurent, parce qu'il n'y a plus « personne qui vienne à ses solennités. *Viæ Sion lugent, eò* « *quod non sint qui veniant ad solemnitates* (Thren., 1,4). »

« Tout ce que la fille de Sion avait de beau, lui a été en « levé. *Egressus est à filia Sion omnis decor ejus* (Thren., 1,6). »

Tout est morne, triste, silencieux, dans cette ville autrefois si pleine de joie et de bonheur ; ce qui porterait à dire, comme ses ennemis au temps de Jérémie : « Est-ce-là cette ville d'une

« beauté si parfaite, qui était la joie de toute la terre ? *Hœccine*
« *est urbs perfecti decoris, gaudium universæ terræ ?* (THREN.,
II, 15.)»

Il n'y a rien là qui doive surprendre : cette malheureuse
ville porte encore l'anathème que ses déïcides habitants appelè-
rent sur eux quand ils dirent à Pilate : « Que son sang soit sur
nous et sur nos enfants. *Sanguis ejus super nos et super filios
nostros !* (MATTH., XXVII, 25.)»

Plaise à Dieu que le voile qui couvre les yeux de cette
malheureuse nation soit déchiré ! afin qu'elle reconnaisse,
dans celui qu'elle a crucifié, le Messie qu'elle attend depuis si
longtemps ; et que ces paroles du prophète s'accomplissent en
sa faveur ! « Je vous enverrai, dit le Seigneur en parlant aux
« Juifs, le prophète Elie, avant que le grand et épouvantable
« jour du Seigneur arrive. Et il réunira les cœurs des pères
« avec leurs enfants, en portant les Juifs des derniers temps à
« imiter la foi et la piété des anciens patriarches (MALACH.,
IV, 5-6).»

Les maisons de Jérusalem sont loin d'avoir de l'élégance :
elles sont, comme dans tout l'Orient, bâties à toit plat ; ce qui
forme une terrasse qui sert de lieu de promenade. Le palais
du Pacha, qui, comme je l'ai dit, est le palais de Pilate, n'a
rien de remarquable. Le palais de Mgr Valerga, l'hôtel de
M. Barère, celui du consul d'Autriche, pourraient à peine figu-
rer auprès des maisons des habitants aisés de nos campagnes.

Les maisons de Jérusalem n'ont qu'un étage ; au rez-de-
chaussée il y a une porte qui doit communiquer à une cour
sur laquelle donnent plusieurs habitations ; car les portes sont
de loin en loin sur les rues. Je n'ai pas vu de vitres aux croisées, elles sont fermées avec un treillis en bois ou en fer.

Les rues sont loin d'avoir l'élégance et la propreté de la
rue de Rivoli, à Paris. Celles qui sont pavées, le sont mal ;
celles qui ne le sont pas, sont pleines d'une poussière qui vous
aveugle. Quand on marche dans ces rues étroites, souvent on
rencontre des bandes de chiens qui vous heurtent, des files de

chameaux, portant du bois, des pierres, etc. Alors il faut se courber pour passer sous les paniers qu'ils ont sur le dos : cela m'est arrivé plusieurs fois. Dans certaines rues de l'ancienne Jérusalem, il y a, au-devant des maisons, une espèce de parapet, haut d'environ 70 centimètres. C'est là que sont nonchalamment couchés les musulmans, fumant le chibouk, et attendant que l'on aille faire emplette dans leurs bazars. Ces bazars sont assez nombreux, mais ils n'étalent pas le luxe de nos villes de France, pourtant on y voit différentes espèces d'étoffes. Ordinairement ils ne sont pas sur la rue, mais dans une espèce d'enfoncement où l'on pourrait à peine lire. Le long de certaines rues on voit, par monceaux, des figues, des oranges, des pastèques, etc. La pastèque est une espèce de melon à couleur verte, dont la chair est semée de veines rouges, et d'une saveur très-douce ; ce fruit est très-rafraîchissant dans ces pays chauds. Dans nos excursions, nous avons souvent vu des femmes qui en portaient dans de grands paniers placés sur leurs têtes.

Les hommes sont vêtus pauvrement pour la plupart. Un tarbouck, sorte de toque rouge, un gilet à manches, un pantalon qui se lie aux genoux, des sandales, voilà tout leur vêtement ; quelquefois ils jettent négligemment sur leurs épaules un mauvais tapis, pour se préserver de la chaleur.

Je ne sais de quelle couleur sont les robes des femmes, car elles ont un grand voile blanc qui leur pend de la tête aux pieds, dans lequel elles peuvent s'envelopper entièrement. En outre, elles ont au-devant de la figure une espèce de crêpe, préservatif peut-être contre la chaleur.

Un soir, nous assistions à un salut du Saint-Sacrement, dans la chapelle du couvent de Saint-Sauveur, où se trouvaient Mgr Valerga, le Consul de France, et celui d'Autriche. Dans la nef se trouvaient une vingtaine de femmes, vêtues comme je viens de dire, et sans façon assises par terre.

Autant que j'ai pu le remarquer, voilà ce qu'est Jérusalem. Je n'y ai pas vu de place proprement dite, excepté pourtant une petite, tout près de la citadelle de David. Le Seigneur avait dit par la bouche de Jérémie : « Je ferai de Jérusalem un monceau de sable. *Et dabo Jerusalem in acervos arenœ* (JEREM., IX, II) ». C'est, en effet,. ce que l'on rencontre dans bien des quartiers. Malgré cela, Jérusalem est toujours belle pour le cœur chrétien, c'est une veuve désolée qui pleure au milieu de ses débris (ISA., LXIV, 10); mais on aime à mêler ses larmes avec les siennes, parce que partout, dans ses murs, on retrouve les pas, les gouttes de sang du Sauveur de tous les hommes. Le pèlerin est donc heureux de verser des larmes d'amour pour un Dieu qui nous en a tant témoigné. Pour moi, j'aimerai toujours Jérusalem, jamais son souvenir ne s'effacera de mon esprit, et moins encore de mon cœur. Rien n'est capable de me dédommager de la privation de ne plus me trouver au milieu de ses murs, que la douce espérance d'habiter un jour la Jérusalem céleste. Oh! qu'il est bon de respirer l'air que Jésus et Marie ont respiré! Si je n'avais pas le désir du Ciel, je puis dire, en toute vérité, que je n'aurais plus qu'un désir sur la terre, celui de vivre et de mourir à Jérusalem, ou bien dans quelque grotte ou sur quelque montagne qui avoisine la Ville-Sainte. Oh! que l'on est heureux quand on peut prier dans le Saint-Sépulcre, sur le Golgotha, dans le saint Cénacle, dans la salle de la Flagellation, dans la Grotte de l'Agonie, sous les Oliviers du jardin de Gethsémani, sur le haut de la montagne des Oliviers, à l'endroit même d'où notre bon Sauveur s'est élevé dans le ciel pour nous y préparer une place (JOAN., XIV, 2).

Tout cela, je l'assure, est plus aisé à sentir qu'à exprimer; je pourrais donc dire, avec le saint évêque d'Hippone : *Da amantem, et sentit quod dico.* (*Tract.* 26, *in Joan.*).

Que l'on prenne en bonne part ces réflexions ; elles sont d'un cœur qui s'épanche et qui se soulage par l'expression de ses sentiments. Le poète l'a dit : *Trahit sua quemque voluptas: non necessitas*, ajoute le même saint Docteur (IB., *Tract.*, 26, *in Joan.*).

XX.

Un coup d'œil sur la Palestine.

Si Jérusalem est silencieuse, la Palestine l'est encore davantage ; pourtant, de Jaffa à Jérusalem, on rencontre fréquemment des files de chameaux, de dromadaires, conduits par des Arabes. C'est le seul moyen de transport pour les marchandises. Quelquefois des familles entières se font ainsi conduire de Jérusalem à Jaffa, et réciproquement. La mère est assise sur le chameau, et les enfants sont à côté d'elle dans des paniers. Un Arabe, monté sur un âne et tenant à la main une corde de plus de 5 mètres, mène ainsi le chameau. C'est ce que j'ai vu en traversant la plaine de Saron.

Dans les autres contrées on rencontre quelques hommes, mais dans le désert ces occasions sont bien rares. On voit aussi çà et là, dans les vallons et sur le flanc des montagnes, des troupeaux de vaches, de brebis, de chèvres, dont les bergers, armés d'un fusil, ont, quelques-uns, une physionomie capable de faire reculer de peur. S'ils sont les descendants des bergers qui allèrent à Crèche, ils ont un peu dégénéré. A l'approche des villages, on voit peu de monde, tout est silencieux ; il y a principalement des plantations d'oliviers, de figuiers, etc., ces arbres sont aussi tranquilles que leurs possesseurs, pas un coup de vent ne vient les agiter. Toutes ces contrées sont plongées dans un silence morne. La terre végétale paraît excellente, mais les montagnes rocailleuses en sont dépourvues ; les eaux pluviales l'ont entraînée dans les vallons, où elle ne ressemble plus qu'à du sable. Ce pays, autrefois si beau, si fertile, où coulaient des ruisseaux de lait et de miel, est maintenant désolé, dévasté. Il semble que la malédiction de Dieu pèse sur lui, comme sur la malheureuse nation qui en a été bannie.

Si un petit nuage vient à paraître, de suite il est dissipé et laisse à découvert un ciel d'azur. L'atmosphère est si peu dense,

que l'œil y plonge à une hauteur incommensurable : on dirait
que le ciel est plus haut que dans nos climats d'Europe.

Je ne puis mieux terminer ces observations que par ces paroles de M. de Lamartine, parlant des environs de Jérusalem :
« Montagnes sans ombre, vallons sans eau, terre sans verdure,
« ciel sans nuage, un sol rouge et brûlé, où végètent quelques
« arbres dont pas un souffle de vent n'agite le feuillage ; et
« enfin le silence du désert dans la campagne et même dans
« la ville. »

Cependant la Palestine a été pour moi un paradis de délices ;
le bonheur que j'y ai goûté m'en fera conserver le souvenir
aussi longtemps que je vivrai.

Mes forces qui m'abandonnaient, ma santé qui dépérissait,
ne m'ont pas permis de suivre les autres pèlerins ; ainsi je n'ai
pu visiter Saint-Saba, la mer Morte, le Jourdain, Naplouse,
le Thabor, le mont Carmel, Nazareth, Beyrouth, où l'on prend
le paquebot, pour le retour en Europe.

Je l'ai déjà dit : des hauteurs de Bethléem, du sommet de
la montagne des Oliviers, j'ai aperçu la mer Morte et le
Jourdain. Mais Dieu semblait déjà me dire, comme à Moïse,
du haut du mont Phasga : Tu vois ces contrées, mais tu n'y
porteras pas le pied (DEUT., III, 27). Alors j'ai dit : Mon Dieu,
que votre volonté soit faite, et non pas la mienne.

Avant mon départ, j'allai prendre mon passe-port, visé par
M. le consul de France ; de là, je me rendis chez Mgr Valerga,
pour lui présenter mes hommages respectueux, et pour le
remercier de toutes ses bontés, que j'avais partagées avec tous
les pèlerins, car il nous avait fait l'honneur de nous admettre
tous à sa table. Ensuite je me rendis chez les PP. de Saint-
Sauveur, pour recevoir un certificat attestant que j'avais célébré
la sainte Messe et visité différents sanctuaires. De là, j'allai
chez les sœurs de Saint-Joseph, pour leur faire mes adieux.

J'étais déjà muni de plusieurs objets précieux de Terre-Sainte ; mais la sœur Emélie, Supérieure, voulut encore en augmenter le nombre, elle me donna entre autres une fiole remplie d'huile d'olive de Gethsémani, de l'eau du Jourdain, etc.

Je ne puis non plus oublier M. Scimbri, négociant à Jérusalem, qui était venu nous chercher à Jaffa, et qui nous a servi de drogman et de guide à Jérusalem et dans toutes nos excursions. Avant mon départ, il me donna des fleurs de Gethsémani, du buis du Jourdain, une pierre d'un rocher que l'on nomme à Nazareth *Mensa Christi*, parce que l'on croit que Jésus-Christ a souvent mangé sur ce rocher. J'emportai donc beaucoup d'objets matériels. Plaise à Dieu que j'aie remporté aussi des grâces et des vertus !

Dans la matinée du jour du mon départ, je portai mon chapelet, mes croix et mes médailles, pour les faire indulgencier dans le Saint-Sépulcre. J'entrai dans le Saint Lieu (hélas ! c'était la dernière fois que j'y pénétrais). Je déposai tous mes objets de piété sur la pierre sacrée, et le Révérend Père gardien leur appliqua l'indulgence.

Ce même jour, j'avais célébré la sainte Messe sur le Golgotha, à ce même sanctuaire où je l'avais dite la première fois dans l'église du Saint-Sépulcre. Pendant mon action de grâces que je faisais aussi sur le Golgotha, une autre Messe se célébrait pour toute la caravane, et tous les pèlerins laïques y communièrent. Je remerciai le bon Dieu de toutes les grâces qu'il m'avait accordées en Terre-Sainte, et je le priai de me les continuer jusqu'à ma mort. Je n'oubliai point Mgr Nanquette, évêque du Mans, tous les prêtres du diocèse, et tous ceux qui s'étaient recommandés à mes prières.

A quatre heures de l'après-midi, je proposai à M. Ferret, prêtre d'Alexandrie, pèlerin comme moi, et qui devait partir avec moi, d'aller au Saint-Sépulcre adorer Jésus-Christ, et le prier une dernière fois dans ce saint lieu. Ce qu'il accepta de grand cœur. Arrivés à la porte de l'église, nous la trouvons fermée. Nous frappons : un musulman, qui est dans l'intérieur, ouvre un guichet, et nous fait dire par notre drogman qu'il ne peut laisser entrer. Je tire de ma bourse une clef d'argent, c'est-à-dire quelques piastres, il ne veut pas les accepter ; seulement il nous dit que si nous voulons revenir à six heures, il nous ouvrira. Nous ne le pouvions, c'était le moment de notre départ. Ce fut une grande privation pour moi. Comme j'avais éprouvé tant de consolations en Palestine, Jésus-Christ ne voulut pas me laisser partir sans que je prisse part au calice de ses amertumes.

§ XXI.

Retour en Europe.

Ce fut le dimanche 14 septembre, jour de la fête de l'Exaltation de la sainte Croix, que je partis de Jérusalem, accompagné de M. Aliosse, aumônier d'un collége de Lorient ; de M. Ferret, prêtre d'Alexandrie ; de Yovani et des Arabes qui étaient chargés de nos bagages ; et d'un nommé Piétro, protégé de M. Ferret, et fervent catholique d'Alexandrie, qui était venu avec nous à Jérusalem et qui s'en revenait avec nous. Nous formions une petite caravane de huit personnes.

Nous sortîmes par la porte de Jaffa : le soleil se couchait sur Saint-Jean-du-Désert, et la pleine lune se levait du côté du Carmel. A quelques pas au delà de la porte, nous rencontrâmes les sœurs de Saint-Joseph qui revenaient d'une petite promenade : elles nous saluèrent gracieusement en nous souhaitant un heureux retour dans notre patrie qui est aussi la leur. Un peu plus loin, nous rencontrâmes les jeunes séminaristes arabes qui revenaient aussi de la promenade, et qui nous baisèrent la main pour nous dire adieu.

De temps en temps je me détournais pour jeter un coup d'œil sur Jérusalem et pour lui adresser un dernier adieu, sans espoir de la revoir jamais. Mais bientôt nous la perdons de vue, et nous entrons dans les montagnes. Déjà le crépuscule com-

mence à disparaître : mais la lune va le remplacer ; car son
disque n'est presque jamais couvert par les nuages, dans ce
pays d'Orient. Nous devions voyager toute la nuit, elle se préparait charmante, elle le fut en effet. A la nuit close, nous
traversâmes la vallée de Térébinthe. Un peu au delà, nous
trouvâmes une dizaine d'Arabes assis par terre, et faisant la
conversation, comme c'est la coutume dans nos contrées pendant les belles nuits d'été. En les voyant, j'eus une petite appréhension. Ils répondirent à quelques mots que leur adressè-
rent nos guides, probablement au sujet du visa de notre passe-
port.

En passant au village d'Abou-Gosh (ou Kariat-el-Aneb) que
nous laissions à notre gauche, nous n'entendîmes que les
chiens qui nous saluèrent de leurs aboiements. S'ils aboyaient
aux voleurs, ils avaient certes grand tort : nous avions plus
peur d'être volés qu'envie de voler personne.

A onze heures, nous arrivons dans l'étroite vallée d'Aoud-
Ali, où nous descendons de cheval pour nous reposer un peu.
Nous avions emporté de Jérusalem du pain, du fromage, des
pêches, du raisin : avec cela nous pouvions faire une bonne col-
lation au clair de la lune. Quand toute la caravane eut fait le
petit repas, comme il restait encore du raisin, j'en pris une
grappe que je donnai à un Arabe qui était à quelques pas de
moi. Pour me remercier il me prit la main, la porta sur sa
bouche, ensuite à son visage. Bonne nation arabe ! combien je
l'affectionne ! oh ! quelle serait susceptible, je crois, de se lai-
ser éclairer du flambeau de l'Évangile ! Hélas ! c'est un peuple
abâtardi, courbé sous un joug de tyrans exacteurs. On dit que
les Arabes sont voleurs : mais manque-t-on de voleurs en
France ? On les accuse de tromper dans les transactions : mais
combien de Français, qui se piquent de délicatesse et d'honneur, se font pourtant un jeu de surprendre la bonne foi du
prochain !

Nous remontons à cheval, pour franchir ce qui reste de
montagnes. Bien des fois j'ai confié ma vie à l'adresse de mon

cheval ; la lune, qui ne nous donne qu'un faux jour, ne nous laisse pas voir le sentier par où nous devons marcher : aussi, à chaque instant, cheval et cavalier sont exposés à culbuter du haut en bas.

Nous quittons la chaîne des montagnes, pour entrer dans la belle plaine de Saron. Là, le chemin devient sûr et sans danger. Je dis sans danger pour le corps, mais pas toujours pour la bourse, car nous devions passer auprès du village de Latroûn, où il y a des gardes pour protéger les caravanes. mais qui ne se font pas scrupule de les voler. Il était minuit; tout le monde dormait d'un profond sommeil : par conséquent, corps et bourse ont passé sains et saufs.

Nos chevaux commençaient à être fatigués, surtout celui de notre Piétro : aussi se couche-t-il pour que son cavalier descende plus librement, ou plutôt pour se reposer. Piétro le laisse et nous suit à pied. Quand le cheval est reposé, il prend le galop pour regagner la caravane; Piétro l'enfourche de nouveau. Ce manége s'est reproduit au moins trois fois en traversant la plaine de Saron.

Un peu avant d'arriver à Ramlech, notre petite caravane se débanda ; ceux qui étaient en avant, allèrent de suite au couvent des pères de Terre-Sainte : M. Ferret, Piétro, Yovani et moi, nous étions à l'arrière-garde. Arrivés dans la ville, nous ne pouvions trouver le couvent ; ce qui m'a procuré le plaisir de la parcourir dans tous les sens. Enfin, nous nous réunissons sur une place au milieu de laquelle il y a un sycomore, et je vais m'y blottir, campé sur mon cheval comme un soldat en faction. Nous tenons conseil sur ce que nous avons à faire. Après une délibération de quelques minutes, nous concluons à l'unanimité que Piétro et Yovani seront envoyés à la découverte. Piétro ayant trouvé le couvent le premier, fit comme le corbeau envoyé de l'arche, il y entra et ne revint point : ce qui lui valut une bonne réprimande de la part de M. Ferret, son bienfaiteur. Je ne sais quelles raisons il avait pour nous jouer ce tour, car c'est un fervent catholique, excellent homme sous tous les rapports. Yovani cherchait toujours la maison : pendant ce temps-là, M. Ferret, couché sous le sycomore, pestait de toutes ses forces; et moi, assis sur mon cheval, j'épuisais toute ma rhétorique pour le calmer. A la fin pourtant, Yovani fit comme la colombe, il revint nous trouver, et nous conduisit au couvent des Pères. Il était 3 heures du matin, c'était le lundi 15 septembre.

Pendant que nous étions sous le sycomore, un musulman, (sacristain, suisse, ou bedeau de la mosquée, comme on voudra dire), faisait entendre une voix sonore du haut du minaret, appelant les musulmans à la prière; mais je ne vis personne s'y rendre. Les chiens, moins endormis que leurs maîtres, se réveillent, se mettent à parcourir la ville, et quelques-uns viennent nous saluer de leurs aboiements, sans pourtant faire mine de vouloir mordre.

Quand nous fûmes entrés au couvent, j'allai de suite me jeter sur un lit, pour me reposer des fatigues de la nuit. A 6 heures, je célébrai la sainte Messe.

Si, pendant que nous étions à Ramlech, nous avions fait une promenade dans les jardins, j'aurais été plus prudent que la première fois. Voici ce qui m'était arrivé : comme nous nous promenions, je passais auprès de beaux cactus, dont quelques fruits étaient parfaitement mûrs (le fruit du cactus a la forme d'une banane, mais il est bien moins gros; avant la maturité, il est vert; quand il est mûr, il est jaune). Je demandai au Père Franciscain qui nous accompagnait si ce fruit était mangeable : il me répondit qu'on en mangeait. Il faut dire que le fruit du cactus est armé d'aiguillons très-fins et très-pointus qui pénètrent facilement dans la chair. Sans trop de précaution, je me mets à cueillir un de ces fruits. Déjà ses aiguillons me perforent la main. Je ne veux pas céder : je me mets à le dépouiller de sa peau; nouvelles piqûres. Trop empressé de le goûter avant qu'il soit bien pelé, je le porte à ma bouche : bientôt mes lèvres sont percées dans tous les sens. On dit que les guêpes laissent leur aiguillon dans la piqûre, le cactus fait le même effet ; de telle sorte que j'en ai eu pour toute la soirée à me débarrasser les lèvres. Mais voilà le pire : les piqûres que j'avais reçues à la main ont produit un espèce de dépôt, dont je n'étais pas parfaitement guéri à mon retour à Ramlech. Peut-être avais-je fait un vol : j'en fus bien puni. Aussi l'Ecriture dit : « Chacun est tourmenté par la « chose même par laquelle il a péché. *Per quæ peccat quis,* « *per hæc et torquetur* (SAP.,XI,17). »

A 9 heures nous partions de Ramlech, et à midi nous arrivions à Jaffa, après avoir suivi le chemin direct, tandis qu'en venant nous avions fait un contour pour visiter Lydda. A 2 kilomètres avant d'arriver à Ramlech, se trouve un gros village, dont je ne sais pas le nom. Un peu au delà, on entre dans les jardins de Jaffa. C'est un fourré d'oliviers, d'orangers, de citroniers, de grenadiers, qui tous sont chargés de fruits. Les haies de ces jardins sont des cactus, au tronc et aux branches tortueux. A 500 pas environ de la ville, il y a une belle fontaine. Plusieurs hommes qui étaient là se sont empressés de nous aider à faire boire nos chevaux. Notre rendez-vous était chez les PP. Franciscains : c'est là que nous avons passé la soirée, sauf le temps d'une petite sortie dans la ville.

Le lendemain, j'ai célébré la sainte Messe. Dans la matinée, nous avons fait visite aux sœurs françaises qui tiennent l'école des petites filles. Les Pères tiennent l'école des petits garçons. Ensuite, Yovani et moi, nous sommes allés sur le marché, où j'ai fait une bonne provision de grenades que j'ai remportées en France et dont j'ai fait part à mes amis. Les plus petites sont grosses comme des oranges, mais d'une couleur différente. Elles sont frangées de rouge, avec une écorce épaisse, contenant de petits pepins, renfermant eux-mêmes un suc qui a la saveur de celui des groseilles.

Ce même jour, à 4 heures du soir, nous apercevons *l'Hydaspe* (c'est le nom du paquebot qui doit nous ramener en France), venant des côtes de Syrie, et entrant dans le port de Jaffa. Un canot vint nous chercher, pour nous porter à bord : il fallut bien se résoudre à quitter cette terre bénie. Assis sur le pont, je récitai, mais tristement, ce verset du Psaume : « Nous nous sommes assis sur le bord des fleuves de Babylone ; et là, nous avons pleuré, en nous souvenant de Sion (Ps. cxxxvi,1). » A 5 heures, le paquebot quitte le port, et bientôt nous sommes en pleine mer, par un temps calme et tout à fait beau.

Le jeudi 18 septembre, à 10 heures du matin, nous entrions dans le port d'Alexandrie. Comme le paquebot ne devait repartir que le samedi suivant, nous descendîmes à terre pour aller à notre hôtel ordinaire, chez les PP. Lazaristes. C'est là que M. Ferret nous quitta pour reprendre le cours d'instruction qu'il donne aux enfants de M. Rossetti, consul de Toscane à Alexandrie. M. Aliosse et moi, nous avons profité de notre séjour à Alexandrie pour faire de nouvelles excursions dans la ville. Entre autres choses, nous avons visité l'église paroissiale des catholiques ; une église grecque, une église arménienne, qui toutes trois ne le cèdent pas à nos belles églises de France ; et deux communautés d'hommes de je ne sais quel ordre. Nous sommes allés aussi rendre visite à Mgr le Délégué et Vicaire apostolique d'Egypte, mais nous ne l'avons pas trouvé, il était au Caire.

A trois cents pas environ du couvent des Lazaristes, s'élèvent deux Mosquées près l'une de l'autre, surmontées de deux élégants minarets.

Nous n'avons pas manqué d'aller voir les sœurs Lazaristes, au nombre de vingt, presque toutes Françaises. Comme nous étions dans leur divan (la salle de réception), naturellement la conversation roula sur Jérusalem. Entre autres choses, je dis que je conservais le meilleur souvenir de la nation arabe. Puisque vous aimez les Arabes, me dit la bonne Supérieure, on va vous en faire voir un vrai type. De suite une sœur est députée, elle amène une petite fille d'environ 12 ans, de la couleur du plus beau noir. Elle est née au fond de l'Abyssinie ; les bonnes sœurs l'ont recueillie dans les rues d'Alexandrie, et font maintenant son éducation.

Cette petite vint donc se présenter devant moi ; puis, sur l'invitation de Mme la Supérieure, elle se mit à chanter en français un couplet d'un cantique à la sainte Vierge : *Marie, ma bonne mère*, etc.

Je ne pouvais me dispenser de récompenser cette peine : et comme la gratification paraissait généreuse : Oh ! Marie (c'est son nom de baptême), lui dirent les bonnes sœurs, voilà bien de quoi pouvoir aller à baudet (c'est la monture de promenade à Alexandrie). Les sœurs nous dirent que lorsqu'elles vont visiter les malades à la campagne, elles se servent elles-mêmes de cette monture. On n'est pas étonné de voir n'importe qui monté sur un âne et courir par les rues ; c'est ce que j'ai fait moi-même plusieurs fois.

Il n'en est pourtant pas à Alexandrie, comme dans la Palestine : on y voit de belles voitures trainées par des chevaux qui ne sont pas de valeur.

Dans la matinée, je fus témoin d'un beau spectacle, chez les sœurs Lazaristes. Plus de soixante déguenillés, hommes, femmes, musulmans ou arabes, vinrent au couvent, les uns pour demander des remèdes, les autres pour faire panser leurs plaies. Tous furent traités avec cette charité qu'inspire l'Évangile : je voyais ces bonnes sœurs se faire tout à tous, dans le désir de les gagner tous à Jésus-Christ (I. Cor., ix, 22). Je ne cessais pas d'admirer le dévouement de ces saintes filles qui ont quitté leur patrie pour venir, sous un soleil brûlant, respirer un air étouffant, toujours exposées à devenir victimes du climat : « C'est, m'ont-elles dit, ce qui est arrivé depuis deux ans à quatre d'entre nous ». Pendant les trois jours que j'ai passés à Alexandrie, combien je soupirais après la fraîcheur des climats d'Europe !

Les PP. Lazaristes où j'étais descendu étaient en retraite. Pendant deux jours, j'ai célébré chez eux la Messe de communauté ; sans cela, me disaient-ils, ils n'en auraient point eu. Je ne puis attribuer le bon accueil qu'ils m'ont fait à ce petit service, mais je puis bien dire que j'étais l'enfant gâté de la

maison. Une petite circonstance y contribua peut-être un peu,
M. Ferret, précepteur des enfants de M. Rossetti, consul de
Toscane à Alexandrie, m'avait écrit la lettre suivante.

« MON BON PÈRE M. VALLÉE ,

« La famille entière me charge de vous presser instamment
« de venir demain matin dire la sainte Messe à la campagne.
« Je joins mes instances aux siennes, et je déclare, au nom des
« souvenirs de Jérusalem, que vous ne pouvez pas nous refuser
« cette faveur. La voiture sera demain à votre disposition, à
« l'heure que vous voudrez. A votre retour en ville, mes élèves
« et moi nous vous accompagnerons. A demain donc et sans
« manquer. En attendant, bonjour, cher Monsieur et vénéra-
« ble confrère. »

AMÉDÉE FERRET.

Alexandrie, 19 septembre 1856.

Je fis part du contenu de cette lettre au Père qui me l'avait
apportée. « Vous nous laisserez donc sans Messe? me dit-il. »
Malgré la flatteuse et engageante invitation de M. Ferret, je
répondis que je ne pouvais y aller, en donnant mes raisons.

Comme j'étais resté presque trois jours chez ces bons Pères,
je crus que je devais leur offrir une rétribution convenable :
mais il n'y eut pas moyen de leur faire rien accepter.

§ XXII.

Départ d'Alexandrie.

Le samedi 20 septembre, je fis mes adieux aux bons
PP. Lazaristes, en les remerciant de la cordiale et généreuse
hospitalité qu'ils m'avaient accordée. Un enfant vint chercher
mes bagages. M. Aliosse, un frère Lazariste et moi, nous en-

fourchâmes chacun un âne pour nous rendre au port. Toujours des embarras. Je croyais payer convenablement l'enfant qui portait mes paquets et qui m'avait prêté son âne : mais il me fit observer que la piastre, qui vaut 22 cent. en Palestine, n'en vaut plus que 15 à Alexandrie. Arrivé sur le port, nouvelle difficulté. Le chef de la haute entreprise des ânes, qui se trouve là, me demande la rétribution qui lui appartient. Je lui fais signe que j'ai payé l'enfant. De là une vive altercation, à ne pas se comprendre du tout. Je ne pus m'en débarrasser qu'en sautant dans le canot qui devait me porter à bord. Si je n'avais trouvé à Alexandrie que des gens de cette trempe, j'aurais chanté de tout mon cœur : *In exitu Israel de Ægypto, domus Jacob de populo barbaro* (Ps. cxiii, 1).

A 5 heures du soir, le paquebot sort du port, au milieu de vaisseaux turcs, égyptiens, américains, dont les pavillons flottent au haut des mâts, celui de notre nation est également arboré sur notre paquebot. La mer est calme, mais la chaleur est étouffante. Pendant notre traversée d'Alexandrie à Malte, la mer a toujours été unie : pourtant un matin, il y eut des vagues qui s'élevaient de 2 à 3 mètres. Comme je considérais cette tourmente avec une espèce d'appréhension, le capitaine, qui était tout près de moi me dit : Mais Monsieur l'abbé, ce ne sont là que les roses du métier !

Le mercredi 24 septembre, à 11 heures du soir, nous entrâmes dans le port de Malte. Plus d'une demi-heure avant d'arriver, nous apercevions le fanal qui brille sur les hauteurs du port. Il va sans dire que nous avons passé le reste de la nuit à bord. Le lendemain on a déchargé et repris des marchandises ; en sorte que nous ne sommes repartis qu'à midi. Aucun des passagers n'est descendu à terre. Bientôt nous longeons les côtes de la Sardaigne. A notre droite, sur une haute montagne dont la base s'enfonce dans la mer, et que l'on nomme la montagne de l'Ours, se trouve un rocher qui présente d'une manière incroyable la forme de cet animal.

Le dimanche 28 septembre, nous entrons dans le port de

Marseille : il est tellement encombré de navires, que nous res-
tons deux heures sans pouvoir aborder. Une fois débarqués,
nous passons à la douane, pour faire visiter nos paquets, et
pour payer le tribut, qui ne fut pas mince pour moi. Après
avoir fait viser mon passeport, je me rendis à l'hôtel de Rome,
où nous étions descendus en partant.

La mer ne manque guère de faire sentir son pouvoir à quiconque ose la braver. Trois fois j'ai été aux prises avec elle :
pourtant elle ne m'a pas trop maltraité.

A 10 heures du soir de ce même jour, 28 septembre, je
pris le train du chemin de fer de Lyon, où j'arrivai le lendemain, à 7 heures du matin Je restai toute la journée à Lyon,
pour visiter la ville, et surtout pour faire un pèlerinage à Notre-
Dame de Fourvières, qui est sur les hauteurs.

Je partis de Lyon à 9 heures du soir, et j'arrivai à Paris le
lendemain à 5 heures du matin. A 9 heures je pris le train
de Paris à Sillé-le-Guillaume, où j'arrivai à trois heures du
soir; et à 6 heures et demie de ce même jour, 30 septembre, je
me retrouvais au milieu de mes paroissiens. Que Dieu m'y
conserve pour sa gloire et pour leur édification.

Maintenant me voilà bien loin de Jérusalem : mais toujours son souvenir sera dans mon esprit, et plus encore dans
mon cœur. Toujours je dirai avec le Psalmiste : « Si je t'oublie
« jamais, ô Jérusalem, que ma main droite devienne sans
« mouvement : que ma langue s'attache à mon palais, si je
« ne me souviens toujours de toi, si je ne me propose pas Jé-
« rusalem comme le principal sujet de ma joie ! (Ps. cxxxvi,
v. 6,-7,-8.)»

FIN

TABLE DES MATIÈRES.

FIN DE LA TABLE.

Le Mans. — Impr. Monnoyer. — Avril 1859.

www.ingramcontent.com/pod-product-compliance
Ingram Content Group UK Ltd.
Pitfield, Milton Keynes, MK11 3LW, UK
UKHW020840120726
13693UKWH00002B/745